渥叢書

業務之神的回話細節

逼人買到「剁手指」還停不了的 46 個銷售技巧！

一句話能成魔、也能成神，
該回的與不該講的，都是你成交的關鍵！

U0072291

資深企業管理顧問
張靜靜◎著

 CONTENTS

第1章 觀察入微再回話，是成為頂尖業務的第一步

第2章 對於顧客的喜好，教你9招看出細節！

第3章 當顧客出現「微表情」時，這樣回應贏得信任！

第 4 章　當顧客「口頭拒絕」時，
這樣回讓成交跨一大步！

如何使用本書

本書在創作之初就明確立定以下目標：

- 為讀者提供「拿來即用」的銷售技巧。
- 為讀者創造輕鬆、暢快的閱讀體驗。

為此，本書在創作上做了以下創新。

1. 理論細化

以小技巧、小工具、小案例的形式切入，為讀者講解「看懂顧客心理」的銷售談判方法。

2. 手繪圖解

每節均有 2 張場景化的手繪圖解，有時間壓力或喜歡讀圖的朋友，直接看圖也可以快速掌握書中介紹的銷售技巧和策略。

如果您時間充裕，我們還是建議您圖文同時閱讀，既可以消除閱讀文字的疲憊感，又能獲得系統性的深度學習。

希望本書不僅對您的工作和生活有幫助，也能夠助您啟迪智慧、獲得成長。

第 1 章
觀察入微再回話，
是成為頂尖業務的第一步

頂尖銷售員都善於觀察。會把觀察到的訊息整合成有價值的資料，迅速進入顧客的內心，讓顧客不想拒絕。

01 好業務的差異，
你是看表面還是……

　　為什麼銷售精英會無往不利？一個非常重要的原因就是他們擅長觀察。觀察使他們具備不尋常的銷售能力，能根據環境的差異或變化，做出快速而精準的反應，並根據當下情境給予顧客恰當的回饋，深度契合顧客的心意，來提高成交機率。

　　觀察對銷售員來說至關重要，具體表現在以下幾點。

❖ 見微知著，做出精準判斷

　　善於觀察的銷售員能在與顧客見面之初，經由觀察穿著、髮型、妝容、行為舉止等，推測出年齡、性格、身份等。他們就像福爾摩斯一樣，能夠見微知著，做出精準的判斷。

❖ 發現別人沒發現的訊息

　　善於觀察的銷售員能夠發現許多別人看不見的細節，而這些細節對銷售有至關重要的影響。

　　例如，銷售員發現顧客不停地看手錶。這表示顧客時間緊迫，沒有心思再繼續交談下去。這時善於觀察的銷售員會及時結束對

圖 1-1　顧客不停看手錶，表示趕時間

張先生，要不我們今天就先聊到這？

我急著去接孩子呢……

話，例如說：「張先生，我們進行一段時間了，也聊得很愉快，您再仔細考慮一下，決定好了的話可以隨時給我消息。」

顧客頓時覺得銷售員很善解人意，因為自己確實急著去接孩子，於是客氣地說：「感謝你能理解，我一會兒要去接孩子。今天就先談到這裡，我好好考慮一下，明天上午 給你答覆。」

一個很微小的看手錶動作，不善於觀察的銷售員很容易忽視而繼續推銷下去。在這種情況下，任憑你說得天花亂墜，恐怕趕時間的顧客也聽不進去。但善於觀察的銷售員會因為注意到這個小細節而結束對話，走進了顧客的內心，贏得下次深度溝通的機會。

圖 1-2　如何透過現象看本質

把顧客的行為放到整個行為系統中觀察

快速抓住顧客的取向，迎合其愛好和興趣

妥善處理與顧客的關係

❖ 避免盲目、激進

過於專注說服的銷售員往往會落入盲目、激進的推銷模式，滔滔不絕地向顧客介紹產品的功能和優勢，因為他們按捺不住「說」的欲望。但是這些介紹產品的話語，往往很難直達顧客的內心。

例如：顧客的眼睛明明一直看著 A 產品，也不斷拿上拿下 A 產品，銷售員卻沒有眼力，一味地推薦價格更高的 B 產品。

試想一下，這種情況下，顧客還會聽你說下去嗎？努力的確很重要，但在錯誤的方向上做出越多努力，越會讓顧客厭煩。

❖ 善於照顧對方的感受

銷售員具備觀察能力後，會潛意識地把顧客的言行點滴記在心上，並根據對方的反應，調整自己的溝通方向和內容。

　　例如：在介紹產品的過程中，銷售員發現顧客的眼神飄忽，顧左右而言他，這些訊息顯示出顧客對產品介紹並不滿意，於是銷售員根據眼神方向，及時改介紹顧客更感興趣的產品。

　　藉由觀察到顧客不滿意時的行為轉變，銷售員不但照顧到對方的感受，讓人感覺到被重視，還能讓銷售過程更順利。

❖ 透過現象看本質

　　善於觀察的銷售員，能透過表象看清事物的本質，有助於掌握銷售進度和增進顧客關係，讓銷售過程更從容，拉近雙方距離。

　　首先，銷售員不會把顧客的行為一項項分開來看，也不僅只於看表面，而是放入整個行為系統中去觀察。

　　其次，銷售員會快速抓到顧客的取向，找到並迎合其愛好與興趣。例如：當善於觀察的銷售員判斷出顧客喜歡聊時尚，便會迅速調整話題方向，避免溝通受阻。

　　最後，善於觀察的銷售員能更妥善地處理顧客關係。要知道，真誠地對待與恭維是兩回事：後者是為了一己私利，前者則更傾向於給顧客良好的體驗，如照顧對方的情緒、讓對方的心情保持愉悅、為對方作周全考慮等。

　　善於觀察的銷售員，不僅能夠讓開場不陷入尷尬、溝通氛圍更和諧，還能在銷售過程中從容、主動，及時抓住成交的機會。

觀察到位，就是一隻腳邁進了成功銷售的大門。

02 丟掉「有色眼鏡」，別讓偏見丟了生意

　　善於觀察讓銷售員無往不利，在銷售過程中如魚得水。然而，很多銷售員確實做了觀察，卻引起反效果。原因是，他們用自己既有的思維模式和價值觀去定義、看待顧客行為，甚至對顧客抱有成見。如此一來，他們的觀察就是失真的、錯誤的、不具有建設性的。這就導致無法做出正確、客觀的判斷，最終導致銷售越來越困難，結果也讓人不滿意。

　　如果想讓觀察有成效，銷售員就不能戴著「有色眼鏡」看顧客，具體來說要做好以下4點。

❖ 不以自己的喜好判斷顧客行為

　　銷售員在觀察顧客的過程中，要抱著尊重顧客的心態。不能以自己的喜好、價值觀衡量顧客的動機。因為站在自己的角度觀察顧客，所判斷出的結果並不代表顧客的真實心理和感受。

　　銷售員應同等對待衣著高貴、打扮時尚的顧客和衣著樸素的顧客。顧客若做出不符合銷售員期待的行為，不要嗤之以鼻，更不能表現出厭惡。無論何時，銷售員都要「擺正」與顧客的關係：你需要提供的是產品或服務，而不是指點。

圖 1-3　「有色眼鏡」會誤導你的觀察

穿得這麼寒酸，一定買不起我們店裡的衣服

　　此外，也不能對顧客的拒絕表現出不滿。例如：銷售員發現顧客露出了不耐煩的神情，認為對方沒有購買的欲望，於是冷冰冰地問一句：「您是不打算買了嗎？」這就是消極觀察的結果。

　　積極觀察的銷售員會放下自己的負面情緒，試著理解顧客、站在對方的角度反思：自己的介紹是不是很無趣、乏味。並要能及時修正對話內容，耐心傾聽顧客的心聲，詢問顧客的興趣。

❖ 理性判斷，不預設立場

　　銷售員在觀察顧客時，要能理性判斷，不預設立場。預設立場往往會讓自己的思維被限制，觀察得出的結論，也很容易偏離顧客的真實意願。

圖 1-4　如何丟掉「有色眼鏡」

不以自己的喜好判斷顧客行為

理性判斷,不預設立場

抱著尊重、平等、和諧的心態

用真誠而好奇的心去觀察

(1) 拋開以自我為中心的思維模式

　　銷售員不要把和與自我價值不一樣的行為都視為錯誤,而是要站在顧客的立場上,思考顧客行為的合理性。

(2) 在觀察顧客時,要對事不對人

　　以下的觀察態度都是錯誤的,很難對銷售有積極的推動。例如顧客的長相、穿著打扮、舉止行為是銷售員不喜歡的類型,就以冷漠的表情對待;或者對方無意中傳遞出負面情緒,銷售員就不加掩飾地立即以負面的言語回擊。

> 戴著「有色眼鏡」，會讓觀察變得一文不值。

❖ 抱著尊重、平等、和諧的心態

尊重、平等、和諧的心態，能使人更理性地看待事物。銷售員在觀察顧客時，如果能抱著這種心態，就能有效避免因戴著「有色眼鏡」觀察，而做出錯誤判斷。

(1) 尊重顧客的價值觀

每個人都是獨立的個體，銷售員不能把自己的價值觀強加給顧客，對不符合自己價值觀的事物要擺正心態，尊重個人人格和選擇，而不是強迫顧客接受提議。

(2) 以平等的心態觀察顧客

銷售員觀察顧客，不要抱著高人一等的心態，甚至指責顧客見識短淺。例如，顧客不認識名牌，銷售員就嗤之以鼻，這種觀察心態是最要不得的。

(3) 用和諧、包容的心態理解顧客行為

觀察是為了更準確地判斷，得到更好的結果。銷售員觀察顧客時，要用和諧、包容的心態，讓銷售溝通在和諧輕鬆的氛圍中進行。同時，銷售員也不要把觀察變成沉重的任務，而要本著讓事情更好的心態去努力。

❖ 用真誠而好奇的心去觀察

一顆真誠的心會讓觀察行為「自帶柔光」，讓顧客感受到友好和親和力。銷售員在觀察顧客時，眼睛裡要傳遞出善意，不要表現出冰冷的眼神；要展現出積極的心態，用真誠、發自內心的微笑感染顧客，而不是以「拒人於千里之外」的姿態去觀察。

好奇心是話題的製造者，也是良好溝通的催化劑，更是對顧客的一種尊重。銷售員若對顧客時刻保持好奇心，會及時給予回饋，也能得到更多顧客訊息。

好奇心驅使下的觀察會更有趣味，它能讓顧客以活躍、積極的心態參與互動，更願意做出有益於銷售的行為。

例如，當銷售員觀察到顧客對產品訊息並不是很感興趣時，不妨抱著真誠而好奇的心態詢問：「您是不是有什麼難言之隱呢？」、「是不是剛剛的哪句話讓您覺得不舒服？」這種真誠而好奇的觀察，會讓顧客感受到你是在體貼他、親近他、關心他。

摘掉「有色眼鏡」，銷售員的觀察才能夠更接近事實，得到的判斷才能準確。否則，結果會適得其反。

銷售員在觀察顧客時，眼神要傳遞出善意。

03 觀察時先不動聲色，以免顧客反感

　　不少銷售員在觀察顧客時，不懂得運用正確的方式，導致觀察變成了審視。例如，直接盯著顧客，並表現出不解、冷漠等情緒，這不僅會讓顧客覺得莫名其妙，還會覺得被冒犯了。如此一來，即便看見滿意的產品，顧客也不會想要跟你。

　　相反地，善於觀察的銷售員，會做到「潤物細無聲」般地不動聲色，既掌握有效訊息，又不會讓顧客察覺。

❖ 眼神真誠，切忌打量

　　眼神最能表露一個人的心理活動和情感，銷售員在觀察顧客時，切忌上下打量。有一些銷售員習慣從頭到腳打量顧客的穿著，雖然他們儘量裝作不經意的樣子，但只要顧客稍稍留意，銷售員的眼神就會透露一切，顧客會立刻感到被冒犯。

(1) 眼神要真誠、坦蕩

　　銷售員可以在第一時間大致觀察顧客的樣貌，包括穿著、打扮、妝容等。這部分只要快速大範圍地掃過即可，不要盯著局部不放，更不能眼神飄忽不定，上下打量。

17

圖1-5　打量顧客會引起反感

　　一方面要做到眼神真誠、坦蕩，不要帶著「他到底是不是我的目標顧客」的小心機刻意觀察；另一方面眼神要有溫度，傳遞出善意、友好的訊號，讓顧客覺得你是真心地在解決他的問題，是可以作他參謀的人。

⑵ 正視顧客的眼睛

　　正視能夠傳遞出尊重、平等、友善的訊號，讓顧客感受到銷售員的積極、友好。相反地，俯視、斜視則會傳遞出「你在輕視我」、「你不尊重我」等訊息。

　　銷售員與顧客說話時，眼睛要看著顧客的眼睛，觀察眼神流露出的訊息，例如對產品的喜好程度等。此時，銷售員需要注意的

是，眼神要集中但不可死盯著，否則會讓對方有巨大的壓迫感，也會讓顧客覺得你是在冒犯他，企圖在氣勢上壓過他。

❖ 話語友好，神態自若

觀察行為不只是眼睛的動作，還包括聽覺、觸覺等感知行為，它是有目的、有計畫的知覺活動，是以視覺為主，融合其他感覺為一體的綜合感知。不僅如此，觀察還包含積極的思維活動。銷售員不僅要做到眼神上不冒犯顧客，在聽到、看到顧客的言行後，語言上同樣也不能冒犯顧客。

首先，顧客的性格各有不同，說話方式也有所區別，銷售員需要從顧客的表達中聽出顧客的性格、愛好、價值觀等。銷售員在傾聽的過程中，即便內心對顧客並不認同，也不要立即從語氣上表現出來，說話仍要有禮貌，態度也仍要鎮定自若。

服裝店裡，銷售員熱情地迎接一名顧客。一陣子後，他發現該顧客在選購過程中總是東翻翻西找找，一邊打量一邊挑剔：「你們家的衣服品質很普通，你看這裡容易脫線。」

銷售員由此判斷，眼前的顧客挑剔、小氣、精明，於是也變得沒有耐心了，眼神帶著輕視，口氣變得很生硬：「我們家的衣服口碑一直很好的，我賣了這麼多衣服，也就您說品質不好。」

銷售員的話讓顧客更不高興了：「你這是什麼態度？我買東西還不能仔細看、仔細問嗎？那你把衣服留著賣給那些說好的人吧！」

案例中的銷售員，觀察判斷出「顧客不好伺候」之後，不但在態度上表現出輕視、不耐煩，還在語言上指責顧客。這樣的冒犯行為，無疑是在把顧客推出門，更別提成交了。

圖1-6 顧客永遠不會買氣受

衣服品質很普通，這裡很容易脫線

不想買就別買

作為銷售員，即便你的內心已經翻江倒海，也要不動聲色地說出理性觀點，絕不能受顧客負面言行的影響而心生埋怨，進而神情怠慢。

需要注意的是，如果銷售員表面上不動聲色，內心卻抱著負面情緒，那麼這份「不動聲色」還是會隨著銷售活動的進行，而漸漸露出蛛絲馬跡的。

最好的做法是銷售員要本著多瞭解顧客的原則，客觀應對顧客的各種言行，以真誠、友好的態度繼續觀察，以實現成交。

觀察不是審視和打量，要不動聲色地進行，否則會適得其反。

04 進門前後，
看看周邊的環境再說……

　　不少銷售員在拜訪顧客時，只把目光集中在顧客身上，到了地點就直接敲門進去拜訪，從不注意查看周邊環境。這類銷售員忽視了很重要的一點——顧客周邊的環境，往往隱藏著大量有利於銷售的訊息。

　　一般來說，周邊環境包括自然環境、人際環境、文化環境等。大至公司位置、面積，小至門外擺放的小物品，如盆栽、牆上的掛飾、門牌等，這些都需要留心觀察。銷售員可以從周邊環境推測出顧客的經濟實力、購買需求等。

　　例如，銷售員向顧客推薦汽車時，進門之前看見辦公室外擺放著精美的工藝品、修剪整齊的盆栽等，就能初步判斷這位顧客重視汽車內部的設計感。銷售員可以相應地推薦配件較齊全的豪華車款，這就是觀察顧客周邊環境帶來的好處。

> 敲門前，看看顧客周邊的環境，你能得到很多關鍵訊息。

圖 1-7　從顧客的周邊環境推測購買力

這部車的設計非常時尚

備註：辦公室裡擺了許多精緻的工藝品

❖ 顧客公司所在位置

一般來說，看顧客公司所在的位置，能夠看出他的經濟實力。所在地段租金越高、越靠近市中心的繁華區，表示公司的經濟實力越強。同時，銷售員還可以觀察顧客公司的周邊建築、大樓裡面的其他企業、顧客公司位於哪一樓層等，這些都有助於初步判斷顧客的經濟實力。

❖ 辦公室面積大小

銷售員除了要瞭解顧客公司所在的地段，還要觀察辦公室面積的大小。例如，一樓大廳裡的指示牌上，顯示自己要拜訪的顧客公

司在 8~10 樓，表示該顧客公司有 3 層樓的辦公面積。一般來說，公司實力與辦公室面積呈正比關係。辦公面積越大，公司的實力就越強。

❖ 辦公室裝潢

從顧客的辦公室裝潢，可以看出顧客的經濟實力和審美趣味。如果辦公室裝潢豪華，沙發和辦公桌等都是實木材質，表示公司的經濟實力不容小覷；如果辦公室裝飾大氣、簡約，表示顧客兼重實用與美感；如果辦公室裝飾得極其簡單，表示其經濟實力一般。

❖ 辦公室內的擺設

辦公室內的擺設，包括牆上的字畫、鮮花盆栽、辦公桌椅、書架等，越小的物品，越能看出顧客的愛好和審美觀。一般來說，牆上掛著大師的字畫，表示顧客的審美觀獨特；牆上掛有設計感極強的藝術品，表示顧客較具創新力；牆上貼著勵志口號、標語等，表示顧客重視激勵。

此外，觀察顧客辦公室的物品擺設，還有利於找到話題。

銷售員小李去拜訪一位顧客，敲門前仔細觀察了周邊環境，發現顧客公司的裝潢看似簡單，但其實很有特色，顯現出顧客的好品位。他還發現牆上掛著一幅很特別的書法作品，於是上前仔細看了一下，看出是現代書法家陶博吾的作品，他在心中悄悄記了下來。

進門拜訪後，小李和顧客寒暄道：「您辦公室的裝飾風格很獨特，我剛才看見外面牆上，掛著一幅現代書法大家陶博吾的作品，您的品位可見一斑啊！」顧客感到非常驚喜，銷售員不僅看見牆上

圖 1-8　適度表達觀察結果，能提升你的形象

的書法，還知道是哪位大師的作品，一瞬間對銷售員產生好感，倆人也順勢打開了話匣子。

在觀察顧客辦公室的裝潢時，銷售員要特別注意以下兩點。

一是辦公室物品的擺放風格。如果物品擺設整齊，一般表示顧客比較自律，嚴謹，控制欲較強；而物品擺放隨意的顧客，相對來說比較隨性，人也較為隨和。除了性格之外，一般情況下，辦公室物品的整潔度與顧客的能力和職位，也會呈正比。職位越高的顧客，辦公室的整潔度越高。

二是標誌性或搶眼的擺設。一般來說，擺放證書、獎盃、獎牌的顧客，榮譽感較強、看重面子；擺放精美獨特的工藝品，透露著顧客不俗的品位和高雅的生活情趣；擺放與政要、名人等重要人物的合影，表示顧客注重人際關係，虛榮心也較強；擺放家人合影，

表示顧客家庭觀念重；擺放運動器材，表示顧客很愛健身等。以上都是幫助銷售員在見到顧客時，成功打開話題的方法。

❖ 工作環境

　　工作環境傳遞的訊息更加重要。銷售員要特別觀察兩點，一是工作人員，二是工作狀態。

　　首先看工作人員的年齡和人數。一般來說，年輕員工佔多數的公司，成立時間不長；相反地，年紀稍長的員工較多，表示公司成立的時間較長，發展也較穩定。另外，公司的規模和經濟實力，也能從員工的人數上大致瞭解，一般來說兩者呈正比關係。

　　其次看員工的工作狀態。如果工作人員交流輕鬆隨意，氣氛活潑，表示這家公司的工作環境較自由，管理者也較隨和；相反地，如果工作氛圍死氣沉沉，員工之間沒有太多交流，表示這家公司的環境較嚴肅，管理者同樣也較嚴謹。

　　掌握了這些觀察技巧，在正式開口前，銷售員就能夠大致掌握顧客的背景，在接下來的交流中就可以做到有的放矢，有效提高銷售成功的機率。

員工的年齡、人數和工作狀態，會告訴你這家公司的規模、實力和企業文化。

05 打電話之前，你瀏覽過顧客的社交媒體嗎？

不少銷售員拿到顧客的電話後，第一時間就去聯絡顧客。一般的開頭是：「您好，請問您是○○小姐／先生嗎？我是○○產品的銷售員○○，我這邊有⋯⋯」。話還沒說完，對方可能直接說一句「我不需要」就掛了電話，對話戛然而止，銷售中斷。

出現這種情況有許多原因，首要就是銷售員不瞭解顧客的情況，如年齡、興趣、志向等，光憑一個號碼就貿然致電，這種撒網式的銷售，顯然不會得到理想的結果。

事實上，在資訊時代，想要多瞭解一個人很容易。如果知道對方的手機號碼，就可以藉此找到對方的社交帳號。這些社交帳號上面往往透露了顧客的許多訊息，例如日常生活、喜好、心情等。銷售員可以從這些訊息中，看出顧客的性格、需求和經濟狀況等等。銷售員先稍微瞭解顧客之後再打電話，往往能找到合適的開頭話題，經由聊顧客的愛好獲得對方好感。

❖ 微信

微信是人們現在常用的社交工具之一。微信頭像、個性簽名、朋友圈背景圖片和朋友圈內容，都透露著有用的資訊。

表 1-1 ▶▶ 微信頭像和性格特徵分析

頭像類別	性格特徵
自己的照片	自主意識比較強，對自我形象較滿意或自戀
家人的照片	家庭觀念重，對家人有很強的依賴心理，內心渴望得到依靠
風景類照片	內心嚮往寧靜美好，為人較成熟，很注重人際關係的和諧
動物的照片	喜愛小動物，內心光明磊落，但也較守舊、愛說教
卡通圖片	保持一顆童心，想像力和創造力比較強，思路開闊，對未來充滿無限希望

表 1-2 ▶▶ 微信朋友圈內容背後的心理

	年齡層	心理
自拍	多在20～45歲	內心對自我形象很自信或自戀，渴望獲得別人的關注和評價（正面評價）
養生	多在55歲以上	關注身體健康，但又不會正確分辨這些訊息，只是經由發佈這些內容引起朋友注意
景點	多在20～45歲	女性多抱著分享或炫耀心理，希望引起他人的議論；男性多性格豁達
運動	多在25～30歲	追求自我管理或宣揚一種生活理念
心靈雞湯	多在30～50歲	女性居多。表示顧客對此有深刻感悟，一般性格較敏感、脆弱、鬱鬱寡歡，希望生活充滿美好與正能量，但平時控制欲也較強，有引導別人的意味
日常心情	多在25～35歲	善感又脆弱，渴望獲得別人的關注

　　經由顧客的微信頭像，銷售員可以大致瞭解顧客的性格特徵。表1-1（見27頁）列舉幾種具有代表性的微信頭像。

　　而如表1-2（見27頁）所示，銷售員經由顧客的微信朋友圈，可以發現顧客的興趣愛好、近期關注等訊息，初步判斷顧客的年齡層、性別、性格等，有助於在打電話時快速找到共同話題，激發對方繼續溝通的興趣。

　　如下表所示，個性簽名一般能夠表達心聲和信仰，銷售員從顧客的微信個性簽名，可以獲得他的生活態度等訊息。

表 1-3 ▶▶ 個性簽名展示出的生活態度

個性簽名	展現出來的生活態度、價值觀
文藝型	嚮往自由，熱愛美好的事物，偏於感性
搞笑型	生活中也是個快樂有趣的人
傷感型	年輕人居多，多愁善感
哲理型	中年人居多，常對生活有所感悟

❖ QQ

　　銷售員分析顧客的QQ頭像、個性簽名和空間動態的方法與微信相同。經由顧客的「QQ說說」以及「QQ空間的日誌」能看到點讚人數和評論內容，銷售員可以根據這些訊息，對顧客的人際關係做出初步判斷，甚至有可能在評論區，發現能夠幫你和顧客快速建立關係的「合作廠商」。

　　例如：你發現大學同學在顧客發表的「說說」下方評論，而且

語氣十分親切，可見他們的關係很不錯。你在打電話給顧客時，就可以這樣介紹自己：「我是○○的大學同學……」當然，如果你再多用心一點，先從大學同學那裡瞭解更多有關這名顧客的訊息，或者讓大學同學幫你從中間牽線搭橋，推銷效果會更好。

此外，QQ 個人資料部分的介紹也比微信更詳盡，一般包含年齡、性別、生日、星座、所在地等。當然，這些訊息可依照個人的喜好隨便填寫，但也有一定的真實性。如果對方的個人資料較完善且真實度較高，那麼他一定是重信用且較刻板的人；如果對方的個人資料訊息大多不真實，那麼他一定是較謹慎、不容易信任別人的人。

最後，還要提醒一點，隨著 QQ 的發展和用戶積累，經由 QQ 帳號的數字位數，往往也能在一定程度上判斷出對方的年齡。例如，8 位數以內的 QQ 帳號往往是第一批 QQ 用戶，他們大多生於 80 年代前期。

此外，相對於微信綁定手機號碼的設置來說，帳號獨立的 QQ 往往更不容易被找到。你可以嘗試從這些管道獲得對方的 QQ 帳號：名片上的 QQ 帳號或 QQ 信箱、微信綁定的 QQ 帳號等。

總之，綜合各方面的訊息來看，QQ 能夠提供的顧客訊息要遠遠多於微信，所以你多費點心思找到對方的 QQ 帳號也是值得的。

微信、QQ、微博等社交媒體，都是你瞭解顧客的好工具。

圖1-9　從顧客的社交媒體搭上關係

您好，張經理，我是
○○的大學同學……

❖ 微博

微博的頭像、個性簽名、發佈功能，和微信、QQ類似，但微博有獨特的讚、轉發和關注功能。銷售員可以從顧客在微博關注的人，看出顧客的興趣和人際關係；從讚和轉發的內容，看出顧客近期對什麼內容更感興趣。

顧客關注的如果大多是養生類，點讚和轉發的內容也都與健康相關，表示顧客十分關注健康。如果這時銷售員推薦的產品剛好是養生類，很可能獲得顧客的青睞。

顧客關注的如果大多是教育類，點讚和轉發的內容都與教育相關，表示顧客十分重視孩子的教育問題。

顧客關注的如果大多是體育類，點讚和轉發的內容都與體育賽

事和體育明星相關，表示顧客對體育很感興趣。

　　打電話之前多查閱顧客在社交媒體發佈的內容，即便你還沒見到本人，顧客的大致形象和性格已經在你的腦海中了。等你真正致電給對方時，你就會知道從什麼地方開始、如何開始溝通。

多瀏覽顧客在社交媒體發佈的內容，能獲得一個較立體的顧客形象。

＊註：以上舉例的微信、QQ 等社交媒體，其功能與特色與台灣較常使用的 FB、LINE 大同小異，讀者可參照本節內容對照運用。

06 外表細節可看出顧客性格，讓你的回話不踩雷！

初次見面時，我們對一個人的判斷往往是基於外表，如容貌、風度、狀態和服飾等。

一個人若表情變化不多、時常皺著眉，多半是個內心嚴肅、不苟言笑的人；一個人若穿著深色、正式的衣服，多半是個認真、拘謹的人；一個人如果總是垂頭喪氣，即使你們正在聊開心的事，也沒有表現出積極的情緒，那麼多半是個較消極的人。

外表往往能反映一個人的內心和性格。在銷售場景中，銷售員也需要積極觀察顧客的外表，從而對顧客的性格做出初步判斷，盡可能與顧客保持相同頻率，激發顧客的好感。

❖ 容貌

俗話說「相由心生」，一個人的性格能經由臉部表現出來，下面我們提供容貌特徵所呈現的性格。需要強調的是，這裡指的是一般情況下，並不是絕對的，建議你結合實際情況靈活做判斷。

表 1-4 ▶▶顧客容貌展示出的性格特徵

容貌	特徵	行為表現
體型	偏胖	親切、隨和、幽默
	偏瘦	較敏感、驚覺、脆弱
髮型	規矩	嚴謹、傳統
	標新立異	思維活躍，不受約束
眉毛	濃／稀	眉毛稀疏的人較隨和；眉毛濃密的人功利心較強，注重人的內在品格，是社交達人
	寬／窄	眉毛寬的人，性格一般豪放磊落；眉毛狹窄的人，性格一般較封閉，常以自我為中心
眼睛	小	較謹慎、精明
	大	控制欲望較強烈，心胸也較寬廣
鼻子	長	認真嚴謹，責任心強，較頑固
	短	性格一般較為開朗，易怒、輕率，依賴感強
嘴巴	大	性格一般開朗，目標性強，社交能力強
	小	內心一般謹慎小心，多杞人憂天，顧慮心較重
耳朵	大	一般指揮力強，行事謹慎
	小	個性一般好強，容忍度較差，易怒、具有攻擊性，意志力薄弱但堅持己見
表情	緊張	表情嚴肅，沒表情的人性格多半嚴肅
	開朗	表情輕鬆，面帶微笑的人性格多半隨和

圖 1-10 重點關注顧客的容貌特點

髮型　眉毛
眼睛　鼻子
嘴巴　耳朵
　　　整體

❖ 精神狀態

　　一個人的精神狀態，也能反映他的性格特徵。一般來說，顧客的精神狀態若積極向上，表示其性格多半也積極、樂觀；若是精神狀態萎靡不振，性格也多半消極、萎靡。

　　當然，這種觀察和分析還要立足於一定的背景。例如，原本對方是樂觀開朗的人，但在和你見面之前和女朋友大吵了一架，所以情緒比較低落。如果你由此判斷他是一個悲觀的人，那就錯了。

　　所以，對顧客狀態的觀察、分析和判斷，要悄悄地、循序漸進地進行，多觀察一段時間，再綜合各方面的因素進行判斷。例如，對方看起來情緒不太好，你關心地問：「有什麼需要幫助的嗎？」

　　若對方謹慎地打量你之後表示拒絕，表示對方比較謹慎、不

圖 1-11　從顧客的精神狀態看性格特徵

容易相信別人；如果對方直接回答：「哎！剛遇到一件煩心的事⋯⋯」，則表示對方比較隨和、容易親近。

❖ 服飾

不同性格的人會呈現不同氣質，喜歡的服飾也會有所不同。如性格恬靜的人會選擇顏色素淨、款式簡單、布料柔軟的服飾；性格活潑的人會選擇顏色鮮豔、款式時尚的服飾。

總之，一個人的外表能夠展示出性格。這就要靠銷售員細心地從顧客的容貌、姿態、服飾等方面進行觀察，以瞭解到更多有用的訊息。

表 1-5 ▶▶ 服飾風格展示的性格特徵

服飾類型	性格
樸素	為人真誠熱情、樸素大方、性格內向，溫和善良，生活較簡單，常有依賴心理
華麗	有較強的自我意識，喜歡表現自己，也渴望別人的關注，內心缺乏安全感
新奇大膽	喜歡表現自我、張揚自我，希望獲得別人的關注，防衛心較重，較固執也較脆弱
動物的照片	喜愛小動物，內心光明磊落，但也較守舊、愛説教
名牌	虛榮心較強、有自卑感、承受能力較弱，情緒易波動
精緻優雅	追求美好、品位較高、待人親切隨和、包容心和忍耐心也較強、善良
傳統	固執己見、個性突出、自我認可度較高、大多性格內向
自然寬鬆	害羞靦腆、關注內心世界、性格內向，不易與人產生連結
正式服裝	生活忙碌、緊湊，視工作為生活中最重要的事情。常常缺乏主動性、適應力較差、不易接受新變化

銷售員可以從顧客的服飾風格，大概知道他是一個什麼樣的人。

07 顧客的年齡決定你開場的話題

不少銷售員都有這個苦惱：為什麼我說的話題，顧客總是不感興趣呢？例如以下這個例子。

銷售員詢問一位20歲左右的年輕人：「您之後想生幾個寶寶呢？對母嬰產品感興趣嗎？」顧客一臉迷茫，隨後拒絕：「不好意思，我不感興趣。」

其實，話題本身沒有對錯，但是你選錯了對象。你跟一位還沒結婚的20歲年輕人聊小孩，不但難以引起興趣，還會讓他覺得很尷尬。

同樣地，跟一位已經有兩個小孩的媽媽聊明星話題，也不太能吸引她。因此，打開話題不能不分對象，尤其顧客的年齡決定你開場的話題。只有對上顧客的頻率，開啟的話題符合興趣，才能激起他們繼續交流的欲望。

一般說來，顧客的年齡大致分為3類：年輕人、中年人、老年人。不同年齡層的顧客，感興趣的話題也不一樣。

❖ 年輕人的話題

此群體年齡大致在 18~40 歲，一般來說自我意識較強、思維活躍、生活壓力較小，又可分為年輕男性和年輕女性。

銷售員與年輕女性顧客聊美容、美妝、時尚、包包、愛情、婚姻、減肥瘦身等，容易吸引她們，找到共同話題。

銷售員：「李小姐，您這款包包做工很別緻，顏色、款式都很好，和您的衣服也非常搭配，價格一定不低吧？」

李小姐：「這個包包我也蠻喜歡的。是有一次和好朋友去逛街，無意中看見的，當時這個包包正在做活動。」

銷售員與年輕男性顧客聊體育、創業、夢想、事業、未來、買房等，更容易引起他們的共鳴，讓他們打開話匣子。

銷售員：「現在房價只升不降，想要在台北買一間房子可不是一件容易的事情。現在結婚大多要求男方有房子，這壓力可真不小。」

顧客：「的確是這樣，壓力很大。我和女朋友打算明年結婚，就談到了要買房子。頭期款是父母幫著一起負擔的，我每個月要拿出近1/3的薪水來還房貸。」

需要注意的是，銷售員在面對年輕顧客時，一定要避免過於主觀。因為年輕群體自主意識較強，如果銷售員用自己的看法或想法去評判，說出「你們年輕人不是很喜歡……」這種話，會激起他們的抗拒。

圖 1-12　　話題要讓顧客感興趣

❖ 中年人的話題

　　中年人是指年齡41~65歲，多已成家立業、養育子女，家庭負擔較沉重，需要承擔來自生活、工作、社會各方面壓力的人群，感興趣的話題也由此而生，也可分為中年男顧客和中年女顧客。

　　而中年男顧客，又可細分為「成功中年男顧客」和「一般中年男顧客」。成功的中年男顧客多是事業有成、家底殷實，他們最願意談及的話題就是自己的奮鬥史、致富路、財產增值保值、名車名錶、股票、房產等。如果銷售員能從這幾個方面找話題，就極容易對上他們的胃口。

　　銷售員：「王經理，您是白手起家的，如今資產上百萬，一開始一定吃了不少苦吧？」

圖 1-13　成功的中年男性喜歡聊奮鬥史

> 可不是嘛，想我
> 剛創業時……

> 王經理，您白手起家
> 一定吃了不少苦吧！

王經理：「可不是，想當初我剛開始創業那時……」

中年男顧客大多是普通上班族，事業沒有太大的波動，日常生活尋常、平凡。相對而言，生活壓力、房貸壓力、如何改善生活、養老問題等，是他們感興趣的話題。

而中年女顧客感興趣的話題沒有太大差別，集中在婆媳問題、夫妻感情、孩子教育等方面，銷售員選擇這些話題很容易讓她們獲得共鳴。

銷售員：「這年頭孩子不光拚成績，還得拚才藝，家長們都用力幫孩子報才藝班。您家兩個孩子都學了什麼才藝呢？」

> 看顧客的年齡選擇話題，才能激起他們交談的興趣。

圖 1-14　和中年女顧客聊孩子準錯不了

您的兩個孩子，都學什麼才藝呢？

一個學鋼琴，一個還不知道學什麼好呢……

　　張太太：「可不是，我家兩個孩子一個小學三年級，一個馬上要進入小一，大的那個在學鋼琴，小的那個都還沒學呢，也不知道報什麼才藝班適合她……」

　　儘管中年顧客感興趣的話題範圍比較大，但仍有一些話題不宜和他們聊，如涉及隱私的「一年賺多少錢」、「名下有房子嗎」，會引起對方不愉快。

❖ 老年人的話題

　　老年顧客是指65歲以上的老年人，他們大多退休在家，主要精力會放在健康和養老上，同時也會關注財產繼承、子女盡孝等話題。面對老年顧客，銷售員可以從養生、養老、財產繼承和子女盡

孝等話題切入。

銷售員：「張阿姨，我看您平時一定非常注意養生吧？剛才說今年65歲了，我都不相信，看上去最多50歲。平時都是怎麼保養的啊，我回去跟我媽說說。我媽每天照鏡子，一直說自己老了老了。」

張阿姨：「小姐您真會說話！歲月是不饒人啊，我平時只是會多看一些養生節目，學學裡面的養生方法、保養秘訣。」

還有一個話題也是老年顧客很願意聊的，就是他們年輕時的人生經歷──艱苦的、平淡的、輝煌的、有意思的等等，無論哪一種，都能讓他們有極大的傾訴欲望。

不過老年人通常比較敏感，過於刻意找話題會引起警覺心和不適。所以，銷售員要盡可能用自然、樸實、聊家常的方式打開話題，讓他們感受到被關懷的溫暖。

總之，顧客的年齡決定銷售員開場的話題，把話題開到顧客的心坎裡去，才能贏得繼續交流、推銷的機會。

開場話題對了，才能吸引顧客一直聊下去。

08 分析顧客類型，才能「對症下藥」

　　銷售精英為什麼成績斐然？原因就在於他們會觀察分析，會根據顧客的反應調整銷售策略，讓所說的話進入顧客心中。做好觀察分析，才能「對症下藥」，進而實現成交。

　　例如，一位顧客在購買產品時，嘴上說著：「算便宜點吧，不然我買不下手……」話雖如此，但是顧客的眼睛始終盯著產品，手也不斷碰觸產品。從這些行為中，我們可以看出顧客很喜歡，而且非買不可，只是藉由假裝放棄來讓銷售員做出價格上的妥協。

　　所以，觀察到別人沒有發現的細節，是提升觀察力的第一步。下面我們分析幾種典型的顧客。

❖ 猶豫不決型顧客

　　猶豫不決型顧客有以下幾種典型表現：選擇產品時想法總是一再改變，眼神也會遊移不定、表情不安；常常在兩個產品間糾結，或對產品有顧慮，生怕有差錯。

　　這類顧客有個明顯的特點，就是信任自己的感受。銷售員越推銷，越會加深他們的顧慮，引發不信任。但此類顧客也通常會把自己的猶豫告訴銷售員，便於銷售員做出下一步行動。

圖 1-15 　挑剔型顧客重視產品細節

這裡容易脫線吧？

這個您放心，我們的品質……

　　針對這類顧客，銷售員首先要客觀分析產品的優缺點，以降低顧客的不信任感，或多選出幾款相似的產品，讓顧客挑選。但不可以直接為顧客下決定，一定要把決定權交到他們手裡。

❖ 挑剔型顧客

　　挑剔型顧客的特點是喜歡全面查看產品，尤其是細節之處，一邊查看一邊挑出產品的諸多缺點，如「這裡容易脫線」、「這裡容易漏水」等，並且態度較強硬。

　　根據顧客的言行，銷售員可以分析出這是一個追求完美的人，考慮也很周全；相反地，只要他擔心的問題能得到有效解決，就很有可能成交。

圖 1-16　經濟型顧客喜歡「佔便宜」的感覺

　　針對這類顧客，銷售員首先不要質疑或否定顧客的挑剔，以免引起顧客的負面情緒；接著銷售員要提出精準、實際的解決方法，以消除顧客的顧慮。到了這一步，離成交也就不遠了。

❖ 經濟型顧客

　　經濟型顧客的特點是購買產品時，總是詢問銷售員「能便宜點嗎？」、「算我便宜點我就要了……」等，給人一種即便折扣不大，也喜歡「佔便宜」的感覺。

　　這類顧客的心理是，希望能夠用最少的錢或低於當前的價格，買到自己想要的產品，性價比越高越好。需要注意的是，這類顧客在討價還價的同時，挑出越多毛病，就證明購買的欲望越強烈。

針對這類顧客，銷售員無論是適當讓價還是贈送小禮物，只要能夠直接能讓他感受到有「佔便宜」，就能順利成交。

❖ 假裝附和型顧客

假裝附和型顧客的特點，是不會直接反駁銷售員的話，只是點頭隨聲迎合，但並不打算購買。這類顧客對銷售員的推薦不感興趣，只想經由附和趕緊結束話題；也可能是他心中已經對產品早有了看法。

針對這類顧客，銷售員首先要真誠地關注其需求，耐心詢問「您想要購買什麼樣的產品？」，而不是說「我給你推薦一款很好的產品」，關注需求比起直接推薦，更能攻破他們的心理防線。

其次，要引導顧客說出真實的答案，並順著顧客的話題聊、耐心溝通。例如，銷售員問：「你喜歡什麼風格的裙子？」當顧客說出答案時，銷售員就要緊接著介紹該類型產品，而不要只推薦自己覺得顧客需要的產品。

假裝附和型顧客要麼根本不準備買，要麼已經有了決定。

❖ 沉著型顧客

沉著型顧客的特點是，購物時淡定沉著，心平氣和地向銷售員諮詢，並且不急於做決定。這類顧客往往心中有答案，即對產品的價值、品質、價格等都有自己的看法。

　　針對這類顧客，銷售員不需多費唇舌說明產品的優點和功能，只需適當提及，此時傾聽比訴說更契合這類顧客的心聲。銷售員要少言、保持耐心，適當地展現出產品的優勢即可。另外，在操作產品時，只需要講清楚，不能有「指導」的意味，讓顧客感受到你的專業。

❖ 冷漠型顧客

　　冷漠型顧客一般面無表情，不太理會銷售員的推銷。銷售員很難從顧客表情上看出真實情緒，讓人覺得難以親近。

　　在分析這類顧客的心理特徵時，銷售員需要明白一點：顧客不一定天生如此，他們可能跟陌生人比較慢熟，才會表現得看似冷漠；或者是對銷售員的推銷方式不感興趣等。

　　針對這類顧客，可以先聊一些對方感興趣的話題，讓顧客放下戒備。同時，保持真誠的溝通也非常重要。

　　讓冷漠型顧客放下戒備，你就成功了一半。

❖ 表現型顧客

　　表現型顧客的特點是喜歡賣弄自己的學識，甚至想表現得比銷售員還要專業，常說出「我以前就是做這個的……」、「我對這個很在行……」等。

　　這種表現或許是出於不想聽太多產品優勢和功能，以此來打斷

銷售員的解說；或是希望表現出自己是行家，對產品的真實價格有所瞭解，為接下來的「殺價」做鋪路。

針對這類顧客，首先，銷售員不要搶話權，要等顧客把話說完，即便內心不信服，也要表現出認真傾聽的姿態；其次，銷售員要給出反應，對顧客的專業表示稱讚，如「您真的是專家啊，我得趕緊向您學習一下了……」等。

歸根究底，只要能做好客觀觀察、分析的銷售員，一般業績都不太差。因為他能順利對上顧客的頻率，成功打動顧客，實現成交。

做好觀察分析，再「對症下藥」，讓顧客「聽你的話」。

第 2 章

對於顧客的喜好，
教你 9 招看出細節！

　　銷售員要善於細微
觀察，瞭解哪些顧客才是
「真正會購買的顧客」，
而快速找到你的「績優
股」，迅速成交。

01 看出顧客的 3 種行為，決定你該如何回應！

　　並不是所有顧客都會買單，為了提高成交率，銷售員要學會「張望」，看誰是真心選購產品的顧客。

　　我們常常看到兩種顧客：一種是走馬看花式地瀏覽產品，不在任何產品面前停留，眼神也是無意識地遊走；另一種會仔細對比兩款產品，表情認真、眼神集中。很明顯，第一種顧客只是「進來隨便看看」的顧客，第二種顧客才是「真心選購產品的顧客」。想要從眾多顧客中找到「真心選購產品的顧客」，銷售員就要學會觀察，尋找「對的人」。

❖ 眼神訊號

　　真心選購產品的顧客走進一家店鋪時，眼神會四處搜索，在找到要購買的產品時，眼神不會漫無目的隨處遊走，而是有焦點的，甚至看到特別心儀的產品時，會瞳孔放大、露出開心的神情。他們會認真地對比兩款產品的優缺點，目光在兩款產品間來回掃動，並有所思考。一旦他們選定產品，並決定購買，眼神就會變得堅定，同時充滿期待。

圖 2-1　「只是看看」的顧客不注重細節

我只是隨便看看
而已……

❖ 動作訊號

真心選購產品的顧客在瀏覽產品時，會翻來覆去地查看，想了解更多細節。

例如某位顧客正在看一款牛奶，當他認真查看生產日期、保存限期時，表示有打算購買牛奶。「只是看看」的顧客在查看時，會比較關注牛奶口味或品牌，而不會關心其他細節。所以，他們一般不會在任何一款牛奶前方停留太久。

「只是看看」的顧客在購物時，會漫無目的地遊走，而真正有購買意向的顧客，進門之後會有目的地朝著某處走去，甚至會詢問銷售員該產品的賣區。例如，一名顧客走進美妝店，進去後四下張

圖 2-2　真心選購的顧客會查看說明書

沙發使用說明書

望，然後詢問銷售員：「口紅放在哪個位置？」這個行為就表明顧客有購買口紅的打算。

　　真心選購的顧客，在選擇時會樂於試穿、試用；而「只是看看」的顧客在購物時沒有試穿、試用產品的衝動，即便銷售員強力推薦「試一試」，他們也會拒絕。同時，真心選購產品的顧客在試穿、試用產品後，會從各種角度體驗、查看產品的效果。

　　如果身邊有同伴，他們會積極詢問同伴的意見：「你看我穿這件衣服怎麼樣？」、「你覺得這款口紅的顏色適合我嗎？」、「我覺得這個麵包還蠻好吃的，你要不要也試吃看看？」越是詢問得仔細認真，說明其購買欲望越強烈。

　　當顧客做出咬牙沉思、抿嘴沉思、托下巴沉思等動作時，表示

如果錯把「只是隨便看看」的顧客當成「真心選購」的顧客，就會錯失銷售機會。

顧客的內心正在糾結，不知道自己到底要購買哪款產品。銷售員一定要注意，他正是因為想要購買才會如此糾結。

當顧客打電話詢問或再三向家人確認時，表示顧客當下就有購買產品的準備，只是擔心會買錯。例如，「老婆，你要我買的是牛肉嗎？這裡有大中小的，我要買哪一種？」從這句話可以看出，顧客一定會購買牛肉，只是在確定份量。

此外，認真查閱說明書的動作，也表示顧客購買產品的意向非常強烈。越是仔細地查閱說明書，越有打算購買此款產品。

除了以上，還有其他動作細節也可以判斷出購買意願，這就需要銷售員在實際工作中勤於觀察。尤其要針對自己所在行業的產品特點，鎖定真心選購顧客的「小動作」。

❖ 表情訊號

當銷售員發現顧客在挑選產品時，表情較嚴肅，甚至出現糾結、焦慮，表示顧客是在認真選擇產品，而且購買意向比較強。還有一種情況是，當顧客在選擇一款產品時，先自行查看了一下，然後表情略顯著急地尋找銷售員，想要諮詢或尋求幫助。一旦做好購買決定，顧客的表情就會變得輕鬆。

「真正選購產品的顧客」和「只是隨便看看的顧客」，從行為舉止到眼神、表情都有細微的不同，銷售員一定要認真觀察，找到你的「績優股」顧客，提升銷售成功的機率。

02 接電話的同事、下屬，該如何說才能變成你的「神隊友」

　　銷售員和某些顧客見面前需要預約，這時就會涉及一個關鍵人物，也就是接你電話的人。

　　顧客不一定會直接接到你的電話，銷售員需要做好積極的準備，爭取贏得接電話者的好感，因為他也許會成為你的「神隊友」，將你交代的「任務」順利轉交給真正的顧客，也或許能在你需要聯繫的那位顧客面前說上一句好話，幫你在接下來的銷售中省下不少力氣。

　　因此，銷售員要與接電話者搞好關係，無論對方是顧客的員工、伴侶還是朋友，都要讓他們成為你的「夥伴」，讓成交事半功倍。

❖ 留下良好的第一印象

　　銷售員打電話時不能過於急功近利，只把接電話的人當作一個傳話者，直接傳達你的目的，是一種不尊重的行為。

　　根據「首因效應」，在對方接起電話的那一刻，你說什麼、用什麼語氣說，會對你們接下來的對話影響很大。

　　首先，銷售員在打電話時，要先與接電話的人交朋友，視對方

圖 2-3　先與接電話者交朋友，留下好印象

是一位有情感，能相互尊重、溝通的人，而非只是傳聲筒。例如，
「您好，我是○○公司的○○○，請問怎麼稱呼？」

之後，銷售員可以先簡單地打個招呼，如「早安」、「抱歉午休剛結束就打來」、「請問現在方便接電話嗎……」等等。

其次，銷售員在打電話時，語氣要真誠自然，不能顯得高傲，否則會讓對方覺得你是一個「擺架子」的人。但也不能有討好之嫌，否則會讓對方心生反感。甚至有時銷售員的語氣要強硬一點，如果碰到態度惡劣、自以為是的接電話者，語氣軟弱反而會讓對方怠慢你。

銷售員：「您好，您這裡是○○公司嗎？能幫我聯絡一下李經理嗎？」

接電話的人：「他現在很忙，沒時間接你的電話。」

圖 2-4　和接電話者建立同理心

> 我們經理正在度假，我不太方便打電話給他……

> 如果我是你，也會覺得很為難

銷售員：「他現在是在開會嗎？還是……」

接電話的人：「你這人怎麼這麼囉唆，你管我們李經理在忙什麼呢？」

銷售員：「請問您貴姓？」

接電話的人：「你問這幹什麼？」

銷售員：「您知道您的態度已經影響了貴公司的名譽嗎？李經理知道嗎？那就先這樣吧，等我自己聯絡到李經理，會如實反映情況的。」

接電話的人：「不好意思您稍等，剛才是我不對，現在就幫您接裡經理。」

當接電話者一開始就態度惡劣，並且越演越烈時，此時如果好聲好氣，只會助長對方的氣焰。更有效的解決辦法，是用同樣強硬但禮貌的語氣，表達自己的立場和感受，並適當地給予對方壓力，

讓對方「知難而退」，事情就會出現轉機。

如果接電話者表示為難或找藉口不傳話，但態度不強硬，這時銷售員不要強行要求。即便知道對方在推諉也不要戳破，而是要順勢而下，為對方的行為找正當理由：「如果我是您也會覺得很為難」、「幫別人傳話的確是有點……」、「我明白我明白，真是麻煩您了」等。這種同理心反而會讓對方覺得「你也不容易」，而願意幫助你。

銷售員：「您好，張小姐，您能幫我聯絡周經理嗎？」

張秘書：「不好意思，我們經理現在不在辦公室。」

銷售員：「這樣啊，我是○○公司的李○○，您能幫我跟周經理說，我下週三去拜訪他嗎？」

張秘書：「我們經理現在在渡假，所以我現在不太方便打擾他。」

銷售員：「哦，原來是這樣啊，我理解，這確實不好打擾，我太冒失了抱歉。」

張秘書：「您真的很通情達理，李先生是吧，這樣吧，等經理回來了，我盡快把您的話帶到。」

案例中的銷售員正是因為能體諒接電話者的不便，才贏得了對方好感，激起了對方願意幫助的心理。因此當你能站在對方的角度設想時，對方會覺得你是一個值得幫助的人，而願意幫你帶話。

❖ 強調對方的重要性

銷售員在和接電話者通話時，不要抱著「對方只是接電話的人，不是真正顧客」的想法，而是要強調對方很重要，強化對方的責任感和使命感，覺得自己應該做好這件事情。

銷售員：「王先生，我知道您是張經理最得力的助手，這次的採購您也一定比別人清楚，我回去研究了一下，或許可以敲定一下最終價格。您看張經理什麼時候方便呢？現在只有您能幫我了。」

王先生：「您說的這件事我知道。這樣吧，我現在打個電話問問張經理。」

當你真誠地強調對方的重要性，並表示這件事情只有對方能幫你時，一方面提升對方的責任感，另一方面把對方推到更重要的位置，為了不辜負你的看重和信任，對方會很願意為你試一試。

強調接電話者的重要性，能有效激發他的使命感和責任感。

❖ 記住對方的恩情：明確表達你的感謝和回饋

為什麼有時接電話的人，不願意轉接電話呢？原因有三。

一是這類的電話層出不窮，接電話者見怪不怪，並不覺得有多重要。

二是不願意做吃力不討好的事情，如果芝麻小事都向主管報告，可能會被主管抱怨，自己也會覺得冤枉。

三是接電話的人覺得無論幫不幫忙，對自己影響都不大，對方也不會記住這個恩情，這一點是容易被銷售員忽略的重要原因。

銷售員：「我是○○公司的○○○，能幫我聯繫一下王經理嗎？」

接電話者：「王經理現在不在公司，您待會再打來吧。」

銷售員：「這個案子很急，對貴公司也很重要。如果能及時聯

繫上王經理，我到時一定登門拜訪感謝，在王經理面前特別感謝您的幫助。」

　　如果你是這個接電話的人，想必也難以抗拒「在王經理面前被特別感謝」的機會。不過，如果你不清楚王經理和接電話者的關係，不能確定這個機會的影響力，最好不要輕易嘗試。

　　總之，在向接電話者請求幫助時，首先要讓對方知道，有站在他的立場設想，並不想讓他為難，如「如果我是你也會這樣做的」、「我知道這讓您蠻為難的」。其次要突顯他的重要性，激發他的責任感和使命感。

　　當然，如果你能夠和他建立利益關係，讓他覺得「欠我一個人情是不錯的選擇」，他成為你的「神隊友」的機會就會更大。

和接電話者建立利益關係，會大大提高讓他成為「神隊友」的機會。

03 找到顧客的興趣點，因為話題決定銷售的機會

　　銷售員常常這樣向顧客推銷：「先生／小姐，要瞭解一下我們的產品嗎？我們的產品採用最先進的……。」

　　「不好意思，我沒有興趣。」通常還沒等銷售員把話說完，顧客就拒絕了。為什麼會出現這種情況呢？因為銷售員沒有找到顧客的興趣點，自然就無法吸引顧客留步，於是銷售中斷。

　　聞名世界的推銷大師喬·吉拉德是世界上賣出汽車最多的銷售員。他每次銷售時都能適當地開啟話題，引起顧客的興趣。有一次，他在汽車展銷會上，對一位看起來很內斂的顧客說：「我有一種特殊的本領，能看出一個人所從事的職業。」

　　顧客有些感興趣：「哦？」

　　喬·吉拉德說：「您是一名醫生吧！」在美國，醫生是一個收入高、受人尊敬的職業。

　　顧客內心有些激動又不失輕鬆地說：「那您可能要失望了，我只是一個宰牛的人。」

　　喬·吉拉德熱情地說：「那我今天真是太幸運了，我一直很好奇常吃的牛肉究竟是怎麼來的，終於有機會能聽專業人士講一講了。我能去參觀一下您的工作嗎？」

　　顧客說：「太好了，如果您樂意的話。」

圖 2-5 抓不住顧客興趣點，推銷會很快中斷

於是喬‧吉拉德留了顧客的電話號碼，第二天真的前去拜訪，倆人聊得非常愉快。宰牛人當場就簽下了訂單，還給喬‧吉拉德介紹其他有意購買汽車的同事。

喬‧吉拉德為什麼會實現成交呢？因為他找到顧客的興趣點，從而讓對方對他也產生興趣。銷售員與顧客之間建立了信任，顧客就不會輕易拒絕推銷。

❖ 挖掘顧客當下的興趣點

銷售員在拜訪顧客或向顧客推銷時，首先要經由詢問、觀察等方式，找出顧客當下對什麼感興趣，才能在進一步交流時滿足對方的需求。大到辦公室的風格和裝潢，小到顧客的妝容、服飾，這些

圖 2-6　了解顧客的興趣點，打開銷售機會

> 我最近發現一家技術特別好的醫美診所……

都可能藏著興趣點。

　　例如，顧客身上背著一款當下最流行的包包，銷售員可以從此處起頭：「你這款包真好看，是最新款吧！」先引起顧客的興趣，讓顧客成為主角。

　　Anny 在汽車展銷會上認識了一位有意買車的顧客，她留下了對方的電話號碼，也將產品手冊和聯絡方式留給這名顧客。但之後 Anny 一直沒有等到電話，於是主動連繫，結果顧客說好不容易等到週末能休息，和朋友約好了要一起做皮膚保養，所以沒時間去看車了。

　　雖然沒能及時見面，Anny 卻得到一個重要資訊──顧客很喜歡保養皮膚。於是立即查資料、問朋友，找到了一家價錢不高且技術很好的醫美診所。過了一星期，Anny 再次打電話給這名顧客，

對賣汽車的事情隻字不提，只說自己知道一家技術特別好的醫美診所。

這次，Anny順利約到了顧客。

Anny正是因為得知顧客的興趣——喜歡保養，進而滿足顧客需求，成功得到進一步溝通的機會。銷售員成功找到顧客的興趣點，拉近了與顧客的距離，讓顧客覺得你是「懂他的人」，迅速建立信任。

❖ 尋找讓對方有成就感的話題

人們樂於談及讓自己有成就感的話題，這也是他們的興趣所在。成就感能讓對方成為話題的中心，在心理上得到滿足。如果銷售員能找到讓顧客有成就感的話題，就能順利打開話匣子。

如果銷售員拜訪的人是靠自己努力而事業成功，此時可以用「記者」般的好奇心去詢問、傾聽顧客的成功史、創業史等；如果是拜訪一位管理得當、打扮精緻的女士，可以諮詢一下她的保養方法、穿搭攻略等。當顧客聊得開心，自然就有銷售機會了。

鮮花銷售員李薇今天拜訪的是一位花藝師，她並沒有直接向對方推銷，而是先上了一堂花藝課。

課堂上李薇積極提問，在花藝師的幫助下製作了一束精美的捧花。課程結束後，才表明了自己的「真實身份」，說：「我其實是一名銷售員，但一直很羨慕花藝師這個工作，覺得每天跟漂亮的鮮花打交道，心情也會變得很美麗，能跟您多暸解花藝師這個行業嗎？」

倆人聊得很愉快，李薇順勢向花藝師推銷了自己公司的鮮花，並且保證每天新鮮直送且價格實惠，倆人很快達成了合作。

正是因為李薇選了對方有成就感的話題，贏得了對方的好感，願意給李薇銷售機會。因此，銷售員要從顧客的語言、動作、話題、打扮等透露出來的資訊中，找到對方的興趣點，並由此展開話題，讓顧客覺得和你的交流「有意思」，才能找到銷售機會。

找到顧客的興趣點，你就找到了打開銷售的開關。

04 「謝絕推銷」的牌子，其實隱藏著銷售機會？

　　銷售員拜訪顧客時，經常會看見門口掛著「謝絕推銷」的牌子，這時心裡就會猶豫：我到底要不要進去呢？不進去嗎？但這是我的工作，反正「謝絕推銷」的牌子很常見；進去嗎？但顧客已經明確表示拒絕了，再進去只會引起反感，可能還沒說上兩句話要被下逐客令了。

　　以上是一般銷售員在看見「謝絕推銷」時常有的內心小劇場。

　　然而，銷售高手在看到「謝絕推銷」的牌子時，反而會在內心歡呼：「這太好了！」因為他能從中確認兩件事情：

　　一是一般銷售員會望之卻步，敢走進去推銷的人很少，競爭也就比較小，也就是說如果自己能成功走進門推銷，成交的勝算相對大；二是掛牌子的行為在一定程度上，表現出顧客不善於拒絕，才會乾脆用「謝絕推銷」來拒絕所有銷售員。

　　所以，其實「謝絕推銷」背後隱藏著更好的銷售機會，關鍵在於你如何抓住這個機會。

圖 2-7　三招搞定「謝絕推銷」

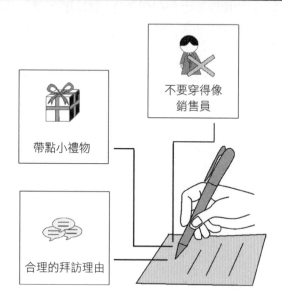

不要穿得像
銷售員

帶點小禮物

合理的拜訪理由

❖ 不要穿得像個銷售員

不少銷售員在拜訪顧客時，還沒說明來意，顧客就不耐煩地說：「我們不需要。」為什麼會這樣呢？

一是顧客可能太常遇到上門推銷的銷售員。

二是因為穿得太像銷售員了：全套西裝＋公事包。顧客一眼就看出你的目的，根本不想聽你的推銷，乾脆直接拒絕。

因此第一印象很重要。銷售員不想被顧客憑第一印象拒絕，就不要穿得像個銷售員。例如，可以穿休閒服去拜訪顧客，為了搭配服裝，公事包可以用側背包取代。如果覺得這種裝扮過於隨意，不適合銷售的正式場合，也可以試試「西裝外套＋牛仔褲」的混搭

風格，看起來時尚、有個性，整個人也顯得更有氣質。

　　總之，銷售員若穿著過於正式的套裝，想要敲開「謝絕推銷」的門恐怕很難。但若換上更貼近生活、更時尚的裝扮上門拜訪，即便門口掛著「謝絕推銷」的牌子，顧客心裡也會不禁好奇：這個人是來做什麼的呢？無形間會消除以往對推銷的戒心，幫你贏得銷售的機會。

❖ 帶點小禮物

　　為什麼銷售員常常不受歡迎呢？因為銷售員是不速之客，進門之後就開始模式化、滔滔不絕地介紹產品，希望對方掏錢購買。即便顧客一再表示自己不需要，銷售員還是會堅持說：「您再看看吧」、「您再瞭解一下吧」等，這樣的言行只會讓顧客更反感。

　　這時，銷售員就需要思考，如何讓自己變得受歡迎呢？俗話說：「禮多人不怪」，銷售員在上門拜訪顧客時，可以帶點小禮物。所謂小禮物就是價錢在 300 元以內，對方即使接受也不會感到負擔的禮物。

　　例如，夏天拜訪客戶時，銷售員可以買一些美味的冰淇淋過去，並這麼說：「這裡有一些冰淇淋，要不要先分給同事吃呢，待會融化就不好了。」一般情況下客戶都會接受。此時，銷售員可以和客戶一邊吃冰淇淋一邊聊天，至少客戶不會馬上趕你出去，讓你保有詳細介紹產品的機會。如果剛好客戶有需要，離成交就很近了。

圖 2-8　帶點顧客不會拒絕的小禮物

❖ 找一個合理的拜訪理由

即使銷售員看到「謝絕推銷」，也可以創造拜訪顧客的理由，畢竟他謝絕的只是推銷，並不謝絕幫助、求助、諮詢等。

一句話激起顧客的好奇心。例如，「如果有一個辦法能夠降低您公司現在的成本，想瞭解一下嗎？」、「如果有一個辦法能夠提高貴公司的工作效率，想瞭解一下嗎」等，直指顧客的利益，切中主題，讓顧客想拒絕都難。

此外，銷售高手還會創造「偶遇」。無論問路還是諮詢，都是比較好的「偶遇」藉口。例如，銷售員可以以一位感謝者的身份上門拜訪：「我上次在這棟辦公大樓拜訪另外一位顧客時，一時找不到位置，是貴公司的一位同仁告訴我的。今天我過來和那位顧客簽約，專門過來謝謝那位幫助過我的朋友。」只要你能夠敲開門，打

開話題，就有機會進行「推銷」。

需要注意的是，你必須確實曾經向這個公司的職員問路，並且獲得了幫助。如果為了找到藉口而說謊，就是非常失信的行為，謊言被揭穿後反而得不償失。

或以調查員的身份上門拜訪。例如，「我上次來過貴公司，留下了一份產品手冊，但後來有很多顧客向我們反應，說只看手冊無法了解試用方式。所以這次我專門回訪一下」、「您好，我是做○○調查的，請問您使用過○○產品嗎？」

總之，銷售員在拜訪顧客時，不要用千篇一律的推銷詞，而是要靈活應變，充滿新意。即便顧客已經明確「謝絕推銷」了，他也會產生一種「你很不一樣」、「你和一般的銷售員不一樣」的感覺，願意給你機會聊一聊。

抓住「謝絕推銷」的機會，讓顧客覺得你和一般銷售員不一樣。

05 願意將名片放入口袋的顧客，正在給你成交機會

　　銷售員拜訪顧客時，一般會出示自己的名片。如果顧客願意接受你的名片並放進口袋，其實就是在給你機會。他內心對產品或你個人有一定程度的認可，才會有收好名片的想法。

　　但要讓顧客把你的名片放入口袋，並不是一件簡單的事情。不少顧客接下名片後會晾在一邊或拿在手上，等銷售員離開後，就隨手放在一個可能轉身就忘的角落，甚至不少人會直接把名片丟進垃圾桶。因此，銷售員要設法創造機會，讓顧客願意將你的名片放入口袋。

❖ 從姓名上做文章

　　名片上通常會有姓名、公司名稱、聯絡方式等重要訊息。但顧客收到的銷售員名片已經不計其數，若沒有特別的誘因，不會特別對某一張心生好感，覺得有必要認真收好。

　　銷售員要能創造話題，讓顧客看到名片時眼前一亮，首先可以在姓名上做文章。以下提供幾個話術。

圖 2-9　讓你的名片進到顧客口袋的方法

從姓名上做文章

找到合適的時機

製作獨特精美的名片

(1) 同姓：5 百年前同一家

中國有句俗話：同姓的人 5 百年前都是一家。所以，如果銷售員和顧客同姓，就能快速拉近距離。且越是稀有的姓氏，越能夠增強親密感。

銷售員遞交名片時，可以強調「同姓」這一點。如：「您看我和您一樣姓歐陽，這個姓氏其實不是很常見，我們真的是有緣分。」

(2) 同名：這個名字好，取這個名字的人更好！

同名有時候比同姓更容易做文章。如果銷售員和顧客同名，一定要好好誇讚名字。例如，「我母親一直說我的名字好，今天看見您跟我同名，才真正覺得這是一個好名字。」需要注意的是，在「誇」的時候表情一定要真誠、自然，不能有討好之嫌。

如果顧客和自己不同名，但和熟人同名，銷售員依舊可以做文章：「您和我的主管不但同姓，名字也一樣。我的主管人特別好，是我的良師益友。相信我們也能相處得很愉快。」

(3) 發散字義：解讀自己或顧客的名字

例如，「我叫張春枝，名字取自王維《相思》裡面的『紅豆生南國，春來發幾枝』。」經此介紹，顧客立刻會覺得很特別，進而會細細打量你的名片，然後用心收起來。

如果顧客在報出自己的名字時，銷售員能立即聯結上詩句或做出有內涵的解讀，更能讓顧客耳目一新，頓生好感。例如，顧客名字叫圖南，銷售員一邊解說一邊遞自己的名片：「《逍遙遊》裡面提到『北冥有魚，其名為鯤……背負青天，而莫之夭閼者，而後乃將圖南。』您真是有一個好名字，大氣！」

當顧客名字的深刻含義被銷售員一語擊中時，不僅會讓顧客很驚喜，還會對銷售員刮目相看。銷售員解說完顧客的名字後，可以順勢介紹自己的名字，讓顧客把目光轉移到名片上。有了這番介紹，顧客自然會對銷售員拿出的名片多一些關注和期待，也比較願意給予深入交流的機會。

❖ 選擇合適的時機遞交名片

銷售員向顧客遞交名片時，要注意時機。一般人會在剛見面或分別前遞交名片，但這個時機不能保證顧客會認真收好名片。其實，銷售員可以先和顧客聊天，盡可能激發顧客的興趣和好感，進而讓顧客覺得應該收好你的名片，以便聯繫。

銷售員小周在聊天中得知顧客喜歡露營，剛好這也是他的嗜

圖 2-10　找到合適的時機遞出名片

好，於是遞上自己的名片：「王經理，我也很喜歡露營，我今年還成為○○露營區的會員，那個營區還蠻不錯的，有機會下次一起去玩。這是我的名片……」一般來說，若談及的話題是顧客感興趣的，再以邀約的名義遞上名片，顧客會願意將你的名片放入口袋。

如果你發現顧客是同鄉，也可以順其自然地遞上名片：「原來您也是○○人，我們真的是有緣啊！留個聯繫方式吧。」

總之，能夠讓顧客把名片放入口袋的最佳時機，就是他覺得將來會有更多聯繫時。如果他已經開始期待下次的見面，甚至想要主動聯繫你，那就是最棒的時機！

❖ 製作獨特的名片

　　銷售員遞上的名片如果製作精美、具有設計感，顧客在拿到的瞬間會細細打量，進而會聯想到遞名片者的品位，並產生「收藏」的衝動。所以，多花一點心思和預算製作一份獨特、有個性、精美的名片，激發顧客對名片的興趣，也是一個讓顧客收藏名片的好辦法。顧客對你的名片感興趣，對你的印象也會更深刻，這都是有助於贏得銷售機會的方法。

　　總之，願意將你的名片放入口袋的顧客，都是在給你機會，而你要做的就是創造機會，讓顧客願意收好你的名片。既要學會從姓名上做文章，還要在合適的時機遞上名片。同時，名片越精緻，越能吸引顧客。

> 願意將你的名片放入口袋的顧客，都是在給你機會。

06 向你抱怨競品的顧客，這樣回話就能抓住好機會

　　銷售員常碰見一種情況，就是向顧客推銷時，對方不停抱怨自己用過類似產品，但是效果不好。這時，銷售員要知道——你的機會到了。

　　銷售員在推銷產品時，常會列舉自家產品的諸多優點，為了強化優勢，也會相應地指出市場上同類競品的劣勢。這時如果顧客主動向你抱怨競品，簡直是送上門的推銷機會。銷售員要迅速站在顧客那邊表示理解，儘快緩解對方氣憤的心情。當顧客平復心情後，銷售員再向他推薦能有效解決那些問題的自家產品，不但不會遭到拒絕和排斥，甚至還有可能贏得感謝。

　　在這個過程中，要注意不能刻意詆毀競品，否則會讓人覺得你人品不太好。當顧客抱怨時，一定要把話題控制在理解顧客心情、強調自家產品優勢的範圍內。

❖ 與抱怨競品的顧客共情

　　銷售員與抱怨競品的顧客共情，只需要附和顧客的感受，沒必要跟著一起抱怨。因為銷售員跟競品之間的關係很尷尬，如果抱怨時掌握得不好，就會適得其反。

圖 2-11　抓住顧客抱怨競品的機會

　　銷售員要讓顧客一吐為快，當一個好的傾聽者，甚至可以當顧客一時的「情緒垃圾桶」，不要急著打斷顧客的抱怨。在認真傾聽的同時，還要適時給予回應，例如：「如果我是你，也會覺得很氣憤」、「如果我是你，也覺得很不平衡」等等，讓顧客知道你和他站在一起。

　　化妝品銷售員李清向顧客推銷保養品時，對方不停地抱怨以前使用一款產品導致過敏的經歷：「我上次買過一罐乳霜，是○○牌的，花了我1千多元，沒什麼效果就先不說了，還害我過敏！最讓人生氣的是，我去退貨時，她們居然說拆封了就不給退，真是氣人。我不拆封怎麼用，不用我又怎麼知道會過敏？」

　　李清點點頭：「確實，這樣解決問題完全無法讓人接收。如果是我也會很生氣。」

圖 2-12　與抱怨競品的顧客共情

顧客見李清能理解，就繼續說道：「可不是嗎！本來因為過敏臉上起了很多痘痘，就夠讓人鬱悶了，沒想到他們還推卸責任，說可能是我的用法不對，又說是我的膚質問題。」

李清：「推卸責任的確不對。」

顧客：「是啊。我買的時候，她們說那個產品適合所有膚質。現在出現問題了，就說是我膚質的問題，真的覺得非常無言。」

李清：「遇到這樣的事情的確很煩心。所以，購買保養品一定要確定是否適合自己。我先幫您測試一下膚質吧？」

當顧客向李清抱怨競品時，她一方面積極與顧客共情，將自己劃入顧客的陣營中。另一方面李清就顧客抱怨的問題，仔細介紹了有建設性的解決方案，因此成功抓住機會，大大提升銷售的可能性。

❖ 突顯能彌補競品不足的優勢

銷售員耐心傾聽顧客的抱怨，一方面可以讓顧客的負面情緒得到發洩，另一方面也可以有效搜集資訊，瞭解顧客究竟對競品有哪些不滿意。顧客抱怨的點就是顧客在意的點，如果銷售員推銷的產品能彌補這些不足，就能贏得成交機會。

李清聽完顧客的抱怨之後說：「保養很重要，好的肌膚讓人看起來更年輕，不化妝也很好看，而且上妝更容易，是吧？」

顧客說：「對啊，那幾天皮膚過敏，看起來狀態也特別糟糕。」

李清適時抓住機會：「沒錯，保養品一定要適合自己的膚質，否則很容易過敏。剛才測試之後發現您是敏感混合性肌膚。我們這裡有好幾款保養品，都是針對敏感混合性肌膚開發的，您可以先體驗一下。若之後使用過程中有任何問題，我們保證7天內無條件退換，所以不必擔心。」

顧客：「這麼好啊！剛才我試用的這款感覺不錯，買一瓶吧！」

突顯自家產品優勢時，一定要以顧客為中心，圍繞顧客的需求和抱怨進行推銷。例如，案例中的顧客抱怨出現過敏情況，退貨時又遇到阻礙。所以，產品是否引起過敏？售後服務如何？這些都是顧客的關注點。因此，李清在推薦產品時，做了以下三步：

第一步，為顧客進行皮膚測試，瞭解顧客的膚質後，推薦適合的產品。

第二步，經由試用，讓顧客體驗產品的實際效果。

第三步，給顧客7天退換的承諾，這是其他競品做不到的。

以上三步有效解決了顧客對競品抱怨的問題、打消了顧客的顧

慮，也滿足其需求，所以最後能成功說服顧客購買。因此任何時候，一旦聽到顧客在抱怨競品，都表示你的機會來了，立刻「出擊」才能抓住機會成功推銷。

當顧客向你抱怨競品時，要迅速站到顧客的陣營裡，但不要刻意詆毀競品。

07 關注顧客的 FB 發文，因為他的困擾只要好好回……

在網路時代，人們越來越喜歡在社交媒體上分享自己的日常生活和心情。這對銷售員來說，無疑是多了一個瞭解顧客的途徑，尤其是當顧客發文抱怨遇到問題時，就有可能變成銷售員的機會。因此，銷售員要時刻關注顧客的發文和動態，瞭解顧客當下的煩惱是什麼，並及時為顧客提供解決辦法。

如果顧客一發文抱怨遇到麻煩、困擾，銷售員就立刻提供解決辦法，不僅會讓顧客感到驚喜，還會激起對銷售員的興趣。

❖ 顧客在抱怨什麼？

顧客在抱怨什麼，就說明他在焦慮什麼、想要解決什麼問題。如果銷售員能夠就顧客的抱怨，提出有效的解決方法，能贏得極大的好感。當然，提供解決方案也要注意策略，不要讓顧客覺得你是為了賣東西而接近他。

銷售員可以先在顧客抱怨的發文底下留言表示關心，等顧客回覆之後，再與顧客私下對話，提供更詳細的解決方案。

為了提升顧客對你的熟悉感，平時要多在顧客的社交媒體上刷存在感，經常點讚、回覆貼文。這樣一來，之後在互動或主動提出

解決方案時，就不會令人覺得莫名其妙，或心生懷疑。

例如顧客發文抱怨：「最近熬夜追劇，臉上長了痘痘，好幾天了還沒有消掉……。」

這時，賣保養品的銷售員要及時抓住機會，在底下留言：「我有一個好方法，要分享給你嗎？」、「針對這個問題我很有心得，要瞭解一下嗎？」互動一定要做到及時。當顧客回覆「好啊」、「是什麼辦法？」時，就可以正式展開對話了。

銷售員：「臉上長痘痘其實是熬夜者的常態。下班後好不容易有點時間，再碰上自己想看的劇，真的捨不得睡！」（共情）

顧客：「對對對，就是這樣，但你剛才說的辦法是什麼？」

銷售員：「我之前也因為熬夜長了痘痘，用了一款面膜補救後效果很不錯。後來推薦給身邊不少朋友，都說有效呢！」

顧客：「真的這麼神奇嗎？快點推薦給我！」

銷售員：「我現在代理這款面膜，一盒 400 元，一共 10 片。算下來，一片才 40 元，基本上你用一盒就能看到效果了。」

顧客：「那太好了！給我來一盒吧，這個痘痘問題真是讓我很鬱悶。」

銷售員：「好的，我明天先給您寄一盒。不過我還是要提醒你，面膜治標不治本，最好的除痘辦法還是早點睡覺！」

發現顧客在社交媒體上抱怨臉上長痘的問題，銷售員立即抓住機會「獻溫暖」，為顧客提供產品、解決問題，同時也成功實現了銷售。

多關注顧客的社交媒體動態，讓你成為幫顧客「解決問題的大師」。

❖ 顧客在擔心什麼？

銷售員除了看「顧客在抱怨什麼」尋找商機，還可以從顧客擔心發生的事情上尋找機會。

例如顧客發佈一條動態：「下個星期就要去參加同學的婚禮了，還不知道該穿什麼好！服裝搭配永遠是我的痛。」

這時，銷售員立馬留言：「剛好我有『藥』，能治好這種難以言說之痛（附帶一個微笑表情貼）」。

顧客迅速回覆：「你有什麼妙招？」

銷售員適時點開和顧客的對話框：「其實我關注你好久啦，有幾次看你發的自拍照，覺得身材比例很好，個子也算高，穿長裙不但能解決服裝搭配問題，還更顯氣質。」

接著，銷售員推薦了幾款適合參加同學婚禮、聚會的長裙，款式簡潔大方，同時建議多買幾條回家搭配看看，不合適的話只要不剪標籤就可以退貨。顧客很快就選定了兩條裙子，付款下單。

顧客因為不會搭配，而擔心自己穿上不合適的衣服出席婚禮。銷售員這時雪中送炭，為搭配服裝獻計，不僅不會引起反感，顧客還樂於接受這樣的安排。「急顧客之所急，想顧客之所想」，你就能抓住銷售機會。

❖ 顧客想要什麼？

「求而不得」也是顧客的問題之一，同時也是銷售員的絕佳機會。銷售員要及時關注顧客為什麼煩惱、對什麼東西求而不得，如果剛好能夠滿足顧客的需要，成交幾乎是水到渠成的事。

顧客發了一條動態：「想要買的包包又漲價了，我離它的距離

圖 2-13　從顧客擔心的事情上尋找銷售機會

穿長裙不但能解決
服裝搭配問題，還
更顯氣質

服裝搭配永遠
是我的痛

又多了一千元。」還貼了包包的兩張照片。

　　銷售員從這則動態中得到訊息，顧客喜歡的包包漲價了所以捨不得買。而銷售員店裡剛好有類似包款，並且價格低許多。於是，將自家的包包拍了照片發給顧客：「我看你剛剛發的動態裡說，想要類似這款包包，是嗎？」

　　顧客回覆：「對，但我喜歡的那個太貴了，最近還漲價了。」

　　銷售員回覆：「這款包包在我們店裡賣 3 千元，這兩天我們在做週年慶活動，全店 9 折呢！」

　　顧客：「真的嗎，我看到那款要 4 千元呢！」

　　銷售員：「是的。你看到的可能是今年的最新款，我們店裡還是去年的款，所以價格沒有漲。款式差別不大，只是今年原物料漲價了，所以新款也漲價了。」

　　顧客：「原來是這樣啊。你把地址給我，這週末去你店裡看一看。」

顧客在動態發佈自己想要的商品訊息，銷售員立即抓住機會，介紹店裡的類似商品。同時因為價格低於對方預料，因此成功地吸引了顧客。因此，銷售員若能時刻關注顧客想要什麼，並滿足顧客的需求，就能大幅提升銷售成功率。

總之，銷售員要時刻關注顧客的動態或發文，把他們的問題變成你的銷售機會。

當顧客在社交媒體上發文抱怨時，你的機會就來了。

08 「連帶銷售法」教你這樣說，業績翻 10 倍

銷售中常見到下面的場景。

顧客想要買一支口紅，對色號、保濕度都很滿意，此時銷售員乘勝追擊：「您要不要再看看我們這裡的粉底或睫毛膏？也都很不錯哦，和您買的口紅是同一個系列。」顧客因為對口紅很滿意，也就沒有拒絕銷售員的推銷，又試用了一下粉底。結果發現確實不錯，索性就一起買了。這時，銷售員及時補充道：「我們的店鋪正在打折，購買 3 件及以上產品就享有 8 折優惠。」於是顧客又買了一支睫毛膏。

本來顧客只想要買 1 支口紅，最後卻買了 3 個產品，這就是連帶銷售的魅力。當顧客對單品滿意時，銷售員看準時機，順勢推銷相關產品，顧客極大可能會購買。

❖ 配套法

尋找可搭配的產品進行配套推銷，是銷售員最常用的連帶銷售法，如上衣搭配褲子；衣服搭配絲巾、領帶；襯衫搭配外套等。

配套法運用起來自然貼切，推銷動機不明顯，能降低顧的反感。同時，配套效應一般能使整體穿著更出色，顧客的接受度也較

圖 2-14　使用配套銷售法時一定要真誠

這款包包很配您剛才選的裙子，要試試嗎？

是蠻好看的，我試試吧！

高。產品之間的整體性越明顯，越能打動顧客。

　　需要注意的是，銷售員在為顧客推薦配套產品時，要真心為顧客打算。如果在顧客選好一件產品後，推薦一款與之相差甚遠的產品，結果只會適得其反。這一方面說明銷售員不能精準地抓住顧客的喜好，背離了顧客的審美觀，反而容易使顧客反感；另一方面，銷售員在介紹這些產品時，會讓顧客覺得莫名其妙，瞬間察覺到銷售員只圖提高業績。

❖ 折扣促銷法

　　折扣促銷法，是利用顧客怕「錯過這村就沒這店」、「佔便宜」的心理，利用折扣讓顧客購買更多產品。例如，「我們店裡今天正在做活動，購買兩件以上享有 7 折優惠。您剛才買了面膜，我

圖 2-15　去零補整法容易被顧客接受

> 這件褲子900元，加上兩雙襪子共1000元，要考慮一下嗎？

們這裡的化妝水也很不錯」、「我們店正在做滿 3000 元減 300 元的活動，您還需要再看看別的產品嗎？」等等。

❖ 去零補整法

在銷售中還有一種常見的銷售方法，就是不找零，也可以稱作「價格連帶」法，即高價帶低價，低價帶特價。

舉個例子，顧客購買了一條 900 元的褲子，這時銷售員對顧客說：「這條褲子 900 元，我們這裡的襪子 100 元兩雙，總共 1000 元，您要考慮一下嗎？」當顧客花點零錢就能買到一兩樣小東西，也省去找零的麻煩，一般情況下都會樂於接受。

> 連帶銷售，能夠讓你在同一位顧客身上完成更多業績。

❖ 新款推薦法

當店家進了新品時，銷售員可以適當地向顧客推薦。尤其當顧客購買了某個產品時，可以再順勢介紹該系列的新品。

舉個例子，顧客買了一雙鞋子，這時銷售員抓緊時機說：「我們店裡昨天剛到一批新品，與這雙鞋是同一種風格，您要看看嗎？」、「早上店裡剛進一款大衣，搭配這雙鞋子穿起來很時尚，而且這個季節正是穿大衣的時候。」

❖ 親朋好友連帶法

現在店家最常用的「情侶款」、「姐妹款」、「親子款」等，就是典型的親朋好友連帶銷售法。例如，顧客買了一條手鏈，這時銷售員說：「這條是情侶手鏈，還有男款你要看看嗎？」、「這條手鏈設計簡潔大方，買一條送給好姐妹一起戴很時尚呢！」

一般而言，只要在自己能夠負擔的範圍，顧客都不會拒絕這種連帶推薦，經銷售員這麼一提醒，反而覺得是個不錯的主意，很樂意購買相同或類似的小禮物送給親朋好友。

一旦發現顧客對單品滿意，銷售員就要積極尋找連帶銷售的機會，為顧客推薦與單品搭配的商品，使銷售業績呈倍數增長。

09 不要錯過顧客的同伴，2 個話術就能多一筆生意

你可能或多或少有過這樣的經歷，原本是陪朋友去買衣服的，結果朋友一件都沒買，自己卻買了好幾件。

這給銷售員一個很重要的啟示——不要忽略對顧客的同伴。尤其對一些躍躍欲試的同伴來說，潛在的銷售機會很大。如果銷售員的目光只盯著顧客，而無視隨行的同伴，是很不聰明的做法。

❖ 不要顧此失彼

你是什麼樣的人就會吸引什麼樣的人。所以，顧客與同伴的審美取向一般會非常接近，顧客喜歡的產品，同伴很可能也會有好感。所以，銷售員在介紹產品時，不要只拉著顧客介紹，卻忽視他的同伴。

從另外一個角度說，如果銷售員對顧客的同伴不聞不問、很失禮，也會讓顧客心生反感。當顧客的同伴感受到銷售員明顯的態度差異時，也會將這種負面感受回饋給顧客，如：「這件衣服不是很適合你」、「這個款式不好看」等，即便事實並非如此，你也很可能因為這一句話失去成交機會。

因此，銷售員在向顧客推薦產品的同時，要抓好時機和同伴

圖 2-16　照顧等候的同伴，適當推薦商品

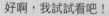
好啊，我試試看吧！

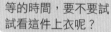
等的時間，要不要試試看這件上衣呢？

介紹：「這位小姐您也可以看看，我們這裡最近到了不少新款呢！」、「我看您剛才很喜歡這件衣服，我們還有幾件同款，要和你的朋友穿姐妹裝嗎？」

❖ 創造試穿、試用機會

向顧客的同伴推薦之後，即便對方表示沒有購買產品的打算，銷售員也要盡力說服顧客試穿、試用，可以說：「您就試試吧，不喜歡也沒有損失」、「既然朋友在試衣服，您也試一件吧，反正都是等」、「我剛剛看您也很喜歡這款眉筆，要試一試嗎？」同伴如果試穿、試用的效果很好，即便本來沒有打算，最後還是很有可能購買。

具體來說，創造試穿、試用的機會，可以利用以下幾個話術。

話術一：購買「情侶款」或「兄弟（姐妹）款」有優惠

一般來說，能結伴購物的人要麼是情侶，要麼是好友。如果顧客的同伴對產品表現得躍躍欲試，但強調自己沒有購買的打算，銷售員不妨奉上屢試不爽的「優惠活動」，同時以「情侶款」、「姐妹款」的情感來打動他。如「現在剛好有活動，買兩件打 7 折，不如試一下，如果剛好合適，可以和朋友穿姐妹裝。」如果你遇到的是女性顧客，這個藉口簡直太適合了！

推薦「情侶款」時，要先確定對方是情侶，否則貿然推薦反而容易引起尷尬，導致丟失訂單。如果是兩位男性顧客，運用這個話術時一定要強調「買兩件有較高的優惠」，以利益點吸引他們，往往比情感上更容易說服。

話術二：利用顧客試穿、試用的空檔

一般來說，顧客的同伴是陪同、給意見的角色，原本並沒有購買計畫。但是，在實際的購物場景中看到心儀的產品，不免會產生購買的衝動、看見漂亮衣服也會有想試穿的衝動，這些都是潛在的銷售機會。

這時，銷售員要懂得利用等候顧客試穿、試用時的空檔，並且建議：「等也是等，不如你也試試看合適不合適。」此種說法大部分的人都不會拒絕。

例如在一家服飾專賣店，趁顧客試穿衣服、同伴等待的空檔，銷售員抓緊時機，推薦同伴一直駐足觀察的 T 恤。

銷售員說：「我看您個子很高眼光也好，剛才您給朋友推薦的衣服很適合他。這件 T 恤是我們今天剛到的新款，您要試試嗎？」

顧客的同伴先是一臉高興，但「好啊！」還沒說出口就吞了回去，然後搖搖頭：「算了，我今天沒打算買衣服。」

圖 2-17　為躍躍欲試的同伴製造試用機會

銷售員把他的表情變化看在眼裡，接著說道：「您在這裡等著也無聊，不如試試，反正試試又不要錢。您要是覺得合適，下次再來買也一樣啊！」

聽到銷售員這樣說，顧客的同伴爽快點頭：「那請拿一件 L 號的給我試一下吧。」

除了以上兩個話術，銷售員還可以臨場發揮，尋找合適的話術，目的就是讓躍躍欲試的同伴去試一下。因為他本身對產品已經有好感，所以一旦試了，銷售機會就來了。

顧客的同伴也是你的銷售對象，請不要忽視他。

10 個快速激發興趣的說話技巧

- 「我能請問您一個問題嗎？」
- 「您知道我們公司正舉辦週年慶嗎？」、「您有聽說我們店裡的優惠活動了嗎？」
- 「您知道世界上最沒有用的東西是什麼嗎？」、「您知道世界上最貴的東西是什麼嗎？」
- 「這個跟一般的產品相比有明顯的優勢，想瞭解一下嗎？」
- 「李經理，我們公司為您擬訂了一份計畫，是一個回饋的優惠方案，有興趣聊一聊嗎？」
- 「老實說，我今天來拜訪您之前，已經對您公司做過一些研究，而且有一個重大發現……正是因為這個原因，導致在○○地區銷路不太吃香，您想聽聽具體情況嗎？」
- 「張先生，也許您還不知道，我們的產品已經做了很大的技術改良……」
- 「李先生，我已經為您的同行成功解決過○○問題，您想了解一下嗎？」
- 「李經理，這是我今天帶過來的方案，有興趣讓我說明如何解決剛才討論的成本問題嗎？」
- 「您知道如果○○問題一直得不到有效解決，會帶來什麼樣的後果嗎？」

13 個突破防線的說話技巧

- 「您好,我是○○公司的○○○,請問您貴姓?」
- 「剛午休結束就接到我的電話,是不是還覺得有點睏?真是不好意思……」
- 「每天要接很多電話,真是辛苦您了。」
- 「如果我是您,也會這樣做的。」
- 「我知道這讓您挺為難的,真是太麻煩您了。」
- 「聽聞您是張經理的得力助手,您的一句話很有份量……」
- 「如果您願意幫我這個忙,相信這個專案一定能成功!」
- 「如果我是您,也會跟您一樣覺得難做人。」
- 「我很明白您的處境,所以才會覺得自己這樣請求,確實是在麻煩您了。」
- 「原來是這樣,我理解我理解,這時間確實不方便打電話,怕您的主管覺得不會挑時間。那我下次什麼時間再聯繫好呢?」
- 「前陣子,我冒昧打電話來貴公司,謝謝您客氣回應。我今天是想問一下……」
- 「如果您能幫我說一句話,真的不勝感激!」
- 「您知道您的態度已經影響了貴公司的名譽嗎?李經理知道嗎?那就先這樣吧,等我自己聯絡到李經理,會如實反映情況的。」

第 3 章

當顧客出現時「微表情」，
這樣回應贏得信任！

不同的外在行為反應不同的心理變化，顧客的肢體語言無形間會傳遞著各種訊息。

01 眼神四處游離時，你該問：「請問有什麼疑問嗎？」

眼神最容易出賣人的內心。銷售過程中，我們應該隨時關注顧客的眼神。

小王介紹一款新產品時，顧客表現出濃厚的興趣。但是當他說出產品的價格是 1500 元，就發現顧客的眼神變得四處遊動、沒有焦點，在椅子上坐得很不安穩，神情也有些不耐煩。

見此情形，小王停止推銷，問道：「李經理，目前為止有什麼想法嗎？您儘管說。」

李經理：「我剛才聽你說定價是 1500 元，但同類產品的市價一般是 1200 元，為什麼你們比較高？這一點我有些疑問……」

小王解釋道：「李經理，我們的產品價格確實比別家高 300 元。但我們維修一次的費用，比別家少 500 元左右。其實價格不光是產品本身，還包括維修費用、安裝費用等，我們的售價雖然高了一點，卻能免去後續的煩惱，您覺得哪種實惠呢？」

小王發現李經理在聽解說時，眼神慢慢變得集中，表情也漸漸變得認真。

李經理：「這樣啊，我就想說怎麼價格會高出 300 元呢？確實，售後服務還是很重要的！」

小王見此，進一步說道：「確實是這樣的。一開始其他顧客聽

圖 3-1　顧客挑眉或蹙眉，表示不認同你的話

到我們產品的價格時，也會和您一樣感到困惑，但瞭解後也都欣然
接受了。」

　　顧客的表情能充分展現心理動向，小王正是因為發現李經理聽
到價格後眼神開始四處遊動，似乎無法接受，於是暫時停止推銷，
把發話權交給顧客，讓對方表達困惑後再解釋自己的觀點，最終得
到了認同。

　　除了眼神四處遊動，還有哪些動作、表情或眼神，能顯示顧客
無法接受你的話呢？

❖ 雙手一攤

　　顧客聽你說完後，沒有表態只是雙手一攤。這很可能是因為對
你說的話感到無語。

當顧客做出這個動作時，銷售員要注意了。因為對方已經很明顯地告訴你：「你這麼說，我真的是沒辦法接受」、「你要這麼想，我真的無能為力了」、「你要這麼堅持，那我也接受不了。」

❖ 無意識地撇了撇嘴

顧客在聽你說話時面無表情，甚至沒有意識地撇了撇嘴，這也表示內心無法認同你說的話。

銷售員李清向一位顧客介紹產品：「我們這款保養品含有許多珍貴的保溼成分，能夠深層滋潤您的肌膚，讓您容光煥發。目前正在做預售，您只要先付 1000 元定金，一個月後就能享受到我們的產品了。」

顧客詢問：「那你們有什麼優惠嗎？我買兩個的話，會有折扣嗎？」

李清回答說：「不好意思，這款產品目前不做活動。」

顧客聽到這話，點了點頭，下意識地撇了撇嘴：「我先看看別的吧。」

最後，顧客一件產品也沒買。

為什麼顧客會撇嘴呢？因為他無法接受「即便購買兩件產品也不打折」的說法，因此最終沒能實現成交。所以和顧客溝通中，若發現對方無意識地撇了撇嘴，銷售員要立即轉移話題，想辦法重新點燃顧客的購買欲望。

❖ 挑眉毛或蹙眉

一般來說，當顧客能接受銷售員的介紹時，往往表現出心平氣和、眉毛舒展的神情。相反地，當銷售員發現顧客的眉毛蹙在一起或挑起眉毛時，就要注意了，因為顧客此時可能無法認同你所說的話。

❖ 呼吸急促、不均勻

顧客突然呼吸急促、不均勻，或呼吸拉長、深重，也表示顧客無法認同你說的話。例如，當你說到某個重點時，顧客呼吸明顯加重，甚至拉長，表示此時心中意見難平，而源頭就在於無法認同你

說的話。當銷售員觀察到時，要照顧到顧客的情緒，及時打住話題，並詢問其想法和意見。

❖ 摸後腦勺

顧客摸自己的後腦勺是反對的訊號，銷售員也要特別注意。在行為心理學中，摸後腦勺是一種掩飾尷尬的行為。當顧客出現這一動作時，表示你說的話可能讓顧客感到尷尬或是難以接受。

總之，顧客無法認同你說的話，會表現在行為上，而不同的行為表現背後，「不認同」的心理原因也不同。銷售員不僅要觀察到行為訊號，還要洞察顧客無法接受的深層原因，進而有策略地調整話題，消除顧客心中的不滿。

當顧客無法接受你說的話時，他的眼神、動作會洩露想法。

02 輕揉鼻子時，你該強調產品功能或優點

國際著名心理分析學家、非口頭交流專家朱利烏斯·法斯特曾說：「很多動作都是事先經過深思熟慮、有所用意的，不過也有一些純屬下意識動作。例如，一個人如果用手指蹭蹭鼻子下方，就表示他有些侷促不安；如果抱住胳臂，就表示他需要保護。」一個人的潛意識動作，往往能傳遞很多訊息和複雜的心理動向。

我們不難見到這樣的場景，銷售員向顧客長篇大論地介紹產品，對方不但面無表情，反而下意識地輕揉鼻子，這個動作表示對方還不信任你。

李清有次就碰見了這樣的顧客。當時他正在向顧客介紹產品：「這款精華液對皮膚很好，特別適合我們這種乾性膚質，能夠深層補水，有效收縮毛孔，持續使用還有美白效果。」

顧客這時下意識地輕揉鼻子：「這個產品真的有你介紹得這麼好嗎？」

李清注意到這個動作，知道顧客此時並不太相信，於是接著介紹：「您看產品介紹，寫到這款是針對乾性膚質設計的，裡面含有人參、蓮花、當歸等中藥成分，能夠滋養皮膚，深層補水，還能避免因為缺水而產生的皺紋等問題。」

顧客接著問道：「你剛才說有美白效果，真有這麼神奇嗎？」

圖 3-3　發現顧客不信任，要想辦法增加說服力

> 為了安全起見，您可以先試用一下

李清說：「沒錯，不過當然要持續使用。只用一兩天是沒有效果的，堅持一個月後，效果明顯看得出來。」

顧客點點頭，說道：「也是，再好的保養品也不是一兩天就能看到效果的。不過，我看你們這款保養品不便宜，要 3 千多元呢，這是真品嗎？」

李清說：「放心我們是專櫃，賣假貨不是砸了自己的招牌嗎？保證都是正品，您可以掃一下這個條碼，在官網都查得到。」

顧客的顧慮被打消了一些，想了想又問道：「這款保養品使用起來會不會過敏？」

李清笑著說：「這一點您放心。就像包裝上的說明，我們這款產品的適用族群是 25~30 歲，針對的膚質是乾性肌膚和敏感性肌膚。剛才為您做了皮膚測試，您是屬於乾性膚質，特別適合使用這款產品，不如先試用一下。」

圖 3-4　顧客不信任你的代表動作

顧客在手上試用了一下，感覺確實很滋潤，而且一時沒有出現過敏反應，和沒有使用的右手對比後，發現補水的效果真的很明顯。

顧客輕揉鼻子是重要的訊號，表示還不信任你，此時銷售員要努力尋找各種證據，為產品補充說明，讓自己的話更具說服力。

除了輕揉鼻子，還有幾種行為也透露著顧客不是很信任你。

❖ 長時間面無表情

當顧客長時間面無表情時，表示正在思考你說的話，但是因為內心存在疑慮，無法集中注意力或已經心生排斥，於是臉上沒有表情。如果銷售員發現自己說了一大堆之後，顧客還是面無表情，就要改變策略了。

❖ 下眼瞼隆起，嘴部笑容收斂

當顧客下眼瞼隆起，嘴部笑容收斂時，說明此時內心不確定、沒把握，對你說的話抱持懷疑態度，想要獲得更多可信的訊息。

❖ 用手指輕輕觸摸脖子

當顧客用手指輕輕觸摸脖子時，表示對你所說的話很懷疑，並不是很信任你，覺得你在花言巧語。

❖ 出現「驚訝眉」、「厭惡嘴」

「驚訝眉」是指眉毛上揚，「厭惡嘴」是指嘴角扯向一邊。當顧客出現這兩種表情時，表示對你說的話有所懷疑。你要立即回想自己剛才說的哪句話或哪個用詞、哪個字不太妥當，讓顧客產生了不信任感，進而及時補救。

❖ 反覆搖頭

當顧客反覆出現搖頭的動作時，表示不信任你，對你的話不太認可，甚至不想再繼續聽你的介紹。

銷售員李清向顧客推銷一款眼霜，對產品的功能和優點做了詳細的解釋：「除了可以解決黑眼圈、眼袋的問題，同時也有撫平皺紋、細紋的功效。」

顧客這時表情較為糾結，小幅度地搖頭：「所有眼霜都宣稱有這些功能，也不見得有效果，聽了你剛剛說的，我不覺得這個產品

真的能解決我的問題。」

李清感受到顧客不信任產品，於是接著說道：「沒錯，我說得再好也不如您親自體驗。這樣吧，您先試用一下這款眼霜，看看保濕效果怎麼樣。」

顧客這時明顯有了興趣：「好的，我先試用看看，如果效果好我再買。」

即使是最小幅度的搖頭，也是在告訴你「我不信」，如果李清忽視了這個小動作，面對顧客「所有眼霜都宣稱有這些功能」的質疑，可能就不知道如何應對了。

很多時候，顧客並不會明確告訴你「我不相信你說的話」、「我才不會上你的當」，但是他下意識的動作會告訴你。

當顧客不信任你時，會輕揉鼻子或長時間面無表情。

03 握緊拳頭時，你得看出顧客不耐煩了，別急著成交

不少銷售員在向顧客推銷時，總是習慣滔滔不絕、說個沒完沒了。這種行為很容易引起顧客反感，但往往不會直接說出：「我不想聽了」、「不要再說了」。而是會經由一些微動作或微表情，表露出內心的拒絕。

例如，當顧客握緊拳頭時，表示此刻內心很壓抑，想要快點結束話題，但是礙於情面等各種原因，不好意思打斷銷售員，只能用握緊拳頭來釋放內心的煩悶。這時銷售員一定要有「眼力」，趕緊結束話題。否則，很可能會引發顧客更大的反感。

除了握緊拳頭之外，還有以下幾種行為和表情，也表示顧客想要盡快結束話題。

❖ 不斷看手錶或把外套扣上

若顧客不斷地看手錶，其言外之意是：「你已經說了很久了」、「我接下來還有很重要的事」、「我對你說的話一點都不感興趣」無論是哪一種情況，銷售員都要及時停止當下話題，趕緊開啟下一個話題或乾脆結束今天的會面。

若顧客將敞開的外套扣上，也表示想趕緊結束話題離開。這時

圖 3-5　顧客不停地看手錶，表示想結束話題

銷售員要善解人意，例如說：「張經理，看我們已經聊了快兩小時，耽誤您太多的時間了，今天就先聊到這裡……」、「李經理，您看我一聊就忘了時間，您接下來還有事情要忙吧，那我們今天就先聊到這裡」等等，不要急於一時成交。

即便當天沒能成交，至少給顧客留下了一個「識趣」的高 EQ 印象，有很大的機會能再約會面。但如果看不懂顧客這些動作的「潛台詞」，還一廂情願地在同一個話題上糾纏不休，恐怕會永遠錯過這個顧客。

❖ 摩擦手掌或捏手指

顧客摩擦手掌或捏手指，表示他已經沒有多少耐性了，可能是

圖 3-6　顧客想要結束話題的代表動作

不斷看錶或把外套扣上

摩擦手掌或捏著手指

長時間雙手交叉於胸前

笑容凝滯或消失

拉衣角或領帶

目光左右移動

用手揉眼睛或把手搗嘴巴上

因為你說得太多，也可能是因為他有很急的事得立即去辦。

　　無論如何，此時你都該讓話題進入結束階段了。例如，銷售員長時間向顧客贅述產品的功能：「李經理，我們這款產品是採用○○配方，且經過 32 道檢驗……」。此時顧客捏著自己的手指，表示對這種乏味的產品介紹感到厭煩了。

❖ 長時間雙手交叉於胸前

　　顧客長時間雙手交叉於胸前，表情冷淡或不耐煩，也表示對你的話題已經不感興趣。例如，你正在和顧客聊一次滑雪的經歷，時間過了 10 分鐘，你還在興致勃勃地描述自己摔倒的那一刻。這時顧客突然雙手交叉於胸前，調整了一下坐姿，表情冷淡，看似做好繼續聽你解說的準備。

　　其實，顧客這一行為強烈地表達了對話題的不耐煩，不想再聊下去。這個時候，你一定要識趣地結束話題或換個話題。

> 顧客想要結束話題時，會做出握緊拳頭、摩擦手掌、拉領帶等動作。

❖ 笑容凝滯或者消失

顧客的笑容凝滯或者消失，也表示想要結束話題。例如，銷售員在和顧客交談時，對方一開始表現得很有興趣，聽得津津有味。但是一段時間後，臉上的笑容消失，表情也變得尷尬，這就表示顧客已經對銷售員的話題不感興趣，甚至反感到想要盡快結束。

這時，銷售員要及時打住話題或換個話題，甚至把說話權交到顧客手上。相反地，如果銷售員還自顧自地談論下去，這筆訂單可能就簽不下來了。

❖ 拉扯衣角或領帶

顧客拉扯衣角或領帶，表示不耐煩地想要快速結束話題。例如，當你介紹產品為什麼會如此定價時，顧客開始有意無意地拉拉領帶、扯扯衣角，並且目光跟隨自己的動作，以逃避你的眼神或避免正面接觸，這些都表示顧客此時想要趕緊結束話題。

一般情況下，一個人若是對話題感興趣，是不會做出這些小動作的，因為他的注意力應該是集中在話題上。如果對方出現了這些小動作，表示他的注意力已經開始分散，且內心產生了不耐煩。

❖ 眼神左右移動

　　眼神左右移動，也是希望結束話題的徵兆，表示顧客對你談及的話題不耐煩了，正在四處尋找感興趣的東西。這時，銷售員可以及時停止話題，並跟隨顧客的眼神鎖定興趣點，然後重新開啟新話題。

　　例如，銷售員小李在介紹售後服務時，顧客的眼神開始飄來飄去，最後定格在辦公室的一幅畫上。這時小李及時轉移話題：「這幅畫是我們老闆花好大力氣得來的，您想聽聽它的故事嗎？」顧客一聽，立刻把頭轉向小李、眼睛發亮，問道：「什麼故事？我想聽聽！」

❖ 用手揉眼睛或把手摀在嘴巴上

　　顧客用手揉眼睛或把手摀在嘴巴上，都表示他對當前的話題感到疲憊或有壓力。這些負面、不積極的訊號，表示對方與你的合作是不輕鬆、不愉快的，甚至是疲累的。因此，銷售員一旦發現顧客有這些動作時，要試著轉移到輕鬆的話題上，及時活躍氣氛，讓顧客知道你懂並且在乎他的感受。

　　當察覺到顧客的表情或動作顯示想結束話題時，一定要識趣地改變或停止該話題。

04 掰手指時，你該就顧客的疑問，給予專業解答

　　銷售員在觀察顧客的時候，即使是手部的小動作也不能放過。有時候，越是微小的動作，越能說明顧客內心的真實想法。

　　銷售員小李向同事抱怨：「我今天拜訪客戶時，簡直就像參加辯論會一樣。」

　　小李越說越激動，還一邊比劃著：「他就這樣背靠著坐在椅子上，掰著手指，一副隨時想挑我毛病的樣子。我大學參加辯論會時，對手就是這樣坐的！」

　　同事聽著也笑了：「真的啊！這麼嚴格，你表現得怎麼樣，有沒有順利簽下來？」

　　小李苦笑：「沒有。在介紹產品訊息時，有一個地方說錯了，他覺得我不專業，然後掰了掰手指，說讓他回去考慮考慮，或者自己先研究一下。」

　　小李遇見的是一位非常典型的挑剔型顧客，他很注重銷售員的專業能力。同時，小李說到顧客在挑剔時，有一個很明顯的動作就是掰手指。

　　確實，有些人喜歡把手指掰得「喀喀」作響。一般來說，這種人的精力旺盛、思維活躍，口才也較好，但對工作和生活也比較挑剔，喜歡鑽牛角尖。所以，銷售員如果發現顧客當著自己的面掰手

圖 3-7　顧客隨時準備挑剔你的行為

目光顯示挑剔

盛氣凌人

用筆或手指點桌子

指，要做好隨時被挑剔的準備。

消費者行為心理學認為，只有那些對產品有異議的顧客，才真正考慮過購買。如果顧客不打算購買，一般不會對產品評頭論足。所以，銷售員要正面看待顧客的挑剔，從他們的行為中積極尋找意義。

除了掰手指之外，還有以下幾種行為也代表顧客準備隨時準備挑剔你。

❖ 顧客目光帶有挑剔

如果顧客從一開始就帶著挑剔的目光和你溝通，表示他原本就

圖 3-8　將顧客的「挑剔」變成「反饋」

是一個挑剔的人，對這種顧客除了小心應對，還要儘量表現出自己專業的一面。同時，要做到謹言慎行，不要被他抓到「把柄」。最重要的是，把說話權交到他手上，準備積極接受指教。這樣的優越感會讓他不再專注於挑剔，而回到「買東西」的軌道上。

　　如果顧客聽到你說某個話題時，目光突然帶有挑剔，那就表示你剛才說的話有問題。最好的應對辦法是立即反問：「您對這個問題有什麼想法呢？」、「您有什麼好的建議嗎？」、「可能我說得不對，請您指教」。也就是主動給顧客一個「挑剔」的機會，這時不管顧客的挑剔是否合理，都應該真誠、耐心地聽完並表示感謝，有必要時還要及時讚美。

　　例如，顧客挑剔說：「你們的產品價格太高了」銷售員此時不能回答「不高啊，我們的產品定價已經很低了」或「這個產品定價

很合理」，這種回答沒有站在顧客的角度考慮，一般來說無法被顧客接受。

最恰當的應對方式是：「非常感謝您的指教。價格方面我們也一直感到很為難，您能具體說一下價格高是與哪款產品相比嗎？」順勢將顧客的「挑剔」變成「回饋」，以便接下來提供更具有建設性的解決方案。

無論如何，顧客挑剔什麼就表示他在意什麼。如果能針對他挑剔的事項提供完善的解決方案，滿足他的需求，成交也就水到渠成了。

當顧客掰手指、表情盛氣凌人時，你要做好隨時被挑剔的準備。

❖ 顧客表現得盛氣凌人

服裝銷售員小李遇過一位顧客，每句話都帶著挑剔。

顧客：「這大衣是正品嗎？品質有保證嗎？」

小李：「我們這是專櫃，店裡都是正品呢。」

顧客：「那會不會起毛球？整理起來會不會很麻煩？」

小李：「不會的，這款大衣是純羊毛的，不但保暖還不起毛球，整理起來很方便。」

顧客微微點頭，表情還是很嚴肅：「我看這款大衣也不是很短，如果有個腰帶的話，不是更能美化比例嗎？」

小李：「您真懂服裝搭配。我們的設計師也曾經這樣想過呢，後來選擇在腰線做了特別設計，扣上扣子後，能夠更自然地呈現曲

線。要不您先試一下。」

　　顧客點頭，穿上大衣試了一下，確實發現腰線的設計很別緻，最後買了這件大衣。

　　面對顧客的不斷指教，小李沒有立即表示反對，反而先對顧客的指教表示讚美，然後順勢介紹衣服的特點，最終說服了顧客。所以，面對盛氣淩人的顧客，一定要懂得讚美，先讓他滿意了，你才有機會成交。

❖ 顧客用筆或手指點桌子

　　一般來說，當一個人用筆或手指敲桌子，表示此人很有自信，對自己所處的位置和掌握的訊息很有把握。在銷售中，如果顧客有此動作，表示他此刻正在認真聆聽和思考，準備隨時挑剔你話中的毛病。

　　如果遇到這類型顧客，銷售員首先要知道，他們一定是想購買的顧客，然後對其挑剔的問題做專業解答。

　　如果一時無法解答，也絕對不要隨便敷衍，而是明確告訴對方自己暫時無法回答，需要請示上級或請教相關專業人員，然後和對方互換聯繫方式，並盡快聯繫、提供答案。

> 一旦你用專業知識「降服」了挑剔的顧客，他們就會成為你最忠實的顧客。

05 手放口袋時，你該換個輕鬆有趣的話題

　　有些顧客會因為身處陌生環境而感到不安，或與陌生人交談時難以卸下防備，而下意識地把手放在口袋裡，這是一個很明顯的防禦性動作。

　　這時銷售員要積極營造輕鬆的環境，以緩解顧客的畏懼。例如，客端上一杯熱茶，聊聊日常話題：「您今天是怎麼過來的」、「路上花了多長時間」、「吃過午餐了嗎」等等，先緩和顧客的緊張感。

　　一般來說，對銷售員有畏懼心理的顧客，性格往往較內向，不太喜歡過於熱情的銷售方式。加上如果銷售員喋喋不休，話題始終圍繞著產品，並急著詢問顧客的決定，更容易使對方慌張、不知道如何回應。當畏懼感不斷加深，顧客會因為不想承受這種心理壓力而「逃跑」。

　　家電銷售員小王做這份工作已經 3 年了。3 年的時間鍛煉下來，他已經能夠根據觀察，瞭解顧客的心理狀態。

　　一天，小王像往常一樣向顧客推薦家電。這位顧客不像其他人對產品挑挑揀揀，相反地神情有些緊張，手也一直放在口袋裡。小王意識到自己對顧客造成了壓力，甚至讓對方產生畏懼，於是停止機關槍似地推銷，放慢了速度說：「店內展示的商品都能試用，要

圖 3-9　儘量消除顧客的畏懼感

要不要先試一下效果，我再具體幫您介紹

不要先試用看看，我再具體給您介紹。」

　　具有親和力的聲音和神情，明顯讓顧客稍稍放下戒備，他點頭答應：「好的，我先看看這台電風扇的風力有多大。」

　　除了將手放在口袋裡之外，還有一些微動作、微表情也能透露出顧客對你存有畏懼心理。

❖ 眉毛上揚並皺縮

　　當顧客的眉毛上揚並皺縮時，表示內心是緊張、畏懼的。一般來說，當一個人有畏懼心理時，眉毛會上揚，面部表情也會顯得不自然，並且會反覆抿嘴來釋放內心的恐懼。

圖 3-10　顧客畏懼時的代表行為

眼神慌張

眉毛上揚並皺縮

手部有小動作

上眼瞼上抬，
下眼瞼緊繃

身體姿勢不自然，
或微微抖動

❖ 上眼瞼上抬、下眼瞼緊繃

　　一個人內心畏懼，從眼瞼也能看出端倪。上眼瞼上抬表示顧客此時內心緊張，在觀察著對方；下眼瞼緊繃表示顧客心情複雜，有所擔憂。

❖ 姿勢不自然、手部有小動作

　　當一個人感到畏懼、內心緊張，他的身體會不受控制地微微抖動，且姿勢較僵硬，表情也會變得不自然。還會下意識地做出一些小動作，如撥弄手指、握緊拳頭、拉扯衣角等，藉由些動作緩解心頭的緊張。

❖ 眼神慌張

當我們害怕某個人的時候，沒有勇氣與之對視或長時間對視，即便不小心對視了也會迅速避開。一旦發現顧客有此表現，要立即回想是否剛剛說的話太過主觀，使對方產生了壓迫感。

例如，顧客想購買一款最新產品，但擔心價格太高，此時銷售員如果反覆強調「產品價格其實不高」、「新產品都是這個價格」顧客就可能產生對「價格」、「新產品」的畏懼、擔憂。

銷售員如果一時搞不清問題出在哪裡，可以先面帶微笑引導顧客稍做休息，請他先喝個水或聊一些輕鬆的話題，轉移顧客的注意力。等到顧客的情緒緩解時，再真誠地詢問：「您有什麼需要我幫助的嗎？」、「您今天的購物計畫是什麼呢？」

或者直接道歉：「我剛才似乎有點太激動了」、「我剛才說話好像太急了」以此引導顧客說出真實想法，以便進一步幫助對方緩解情緒，讓銷售順利進行。

> 覺察到顧客有畏懼、緊張的情緒時，要第一時間暫停推銷動作。

06 不停咬指甲時，你該看出顧客猶豫點，做針對性說服

　　銷售員經常會碰到猶豫不決的顧客，要麼在買與不買之間糾結，要麼在 A 產品和 B 產品之間糾結，要麼糾結於產品的價格、款式、顏色等問題。

　　顧客若不停地咬指甲，就表示內心猶豫不決，不能立即做決定，害怕顧此失彼，也不想承擔購買產品的壓力。此時，銷售員就要成為幫助他做決定的人，在關鍵時刻推他一把。

　　銷售員：「這件襯衫是我們最近賣得很好的一款，料子也舒服。」

　　顧客：「是嗎？我也覺得蠻好看的。」

　　銷售員：「嗯，那您試一下吧，穿看看才能知道效果。」

　　顧客試了一下的確蠻適合的，尺寸也剛好，只是不太喜歡這個顏色，覺得有些太鮮豔。

　　銷售員：「這件襯衫您穿很好看，很適合您。」

　　顧客：「真的嗎？但我不太喜歡這個顏色。」

　　銷售員：「為什麼不喜歡呢？是沒試過這個顏色，還是……」

　　顧客撓了撓頭，說道：「我平時都是穿素色的衣服，黑、白、灰色居多，基本上沒買過這個顏色的衣服。」

　　銷售員：「我瞭解了。依我看，您今天身上穿的這件灰色衣服

> **圖 3-11　顧客猶豫不決時，要給他勇氣**

> 我從來沒有穿過這個顏色的衣服⋯⋯

> 您穿黃色的襯衫讓人眼睛一亮呢！

很好看，乾淨俐落，但您剛才試穿的這件黃色襯衫，更顯得青春洋溢，讓人眼前一亮。」

　　聽了銷售員這番話，顧客更猶豫了，不自覺地咬著指甲：「真的嗎？」語氣中透露著不確定和期待。

　　銷售員經由顧客的「小動作」，知道他正在動搖、猶豫，而且想買的念頭大於不想買的念頭，於是乘勝追擊：「這個顏色真的很適合您，顯得皮膚很白，而且很好搭配，無論搭褲子或裙子都很好看。布料也很涼爽，夏天穿起來很舒服。」

　　顧客這時更被說動了：「我剛才試穿的時候，感覺布料確實還挺舒服的，穿起來又輕又涼快。」

　　銷售員再接再厲：「對啊，這件衣服賣得特別好，昨天新到的一批只剩下兩件了。您要買的話，就得趕快了。」

圖 3-12　針對顧客猶豫的問題額外說明

> 價格有點高，你們有什麼優惠活動嗎？

> 我們比其他品牌的洗衣機多兩年保固期，您能省不少錢呢！

顧客點頭：「好的，我就要這件了。」

銷售員經由觀察，看出顧客的猶豫不決，循序漸進介紹後，讓對方願意試穿。在關鍵時刻，為了突破顧客內心的最後一道防線，他用「限量」來促使顧客做出決定，最終成功說服購買。

除了從不停地咬指甲能看出猶豫不決外，以下動作也能反映出這種情緒。

❖ 摸耳朵

不停摸耳朵，說明顧客內心糾結、猶豫不決、不知如何是好。做出此動作時，顧客多半已經認可產品了，只是對產品的某部份存有疑慮。

當顧客猶豫不決時，要能針對性地打消其疑慮，以實現成交。

如以下這個例子：銷售員小李向顧客推薦一款洗衣機。聽完介紹後，顧客對洗衣機的各方面都很滿意，卻遲遲不肯下單，反而摸著自己的耳朵說：「我覺得這款洗衣機還可以，只是價格有點高。你們這邊有什麼優惠活動嗎？」

小李看出顧客想買，只是因為價格高而有些猶豫，於是進一步加強說服：「這款洗衣機確實比一般的貴 2 千元。但這是新款有很多新功能，如智慧遙控，您只要下載一個 App，早上把衣服放進去，下班前啟動 App，回到家就洗好了，多方便啊！而且這是大品牌，售後服務也好，一般的洗衣機保固期是 3 年，這款的保固期是 5 年。多 2 年維修期，可以省不少錢呢！您說呢？」

顧客仔細想了想，覺得小李說得很有道理，於是兩手一拍：「就這麼決定，我買了！你們是免費送貨吧？」

當顧客出現猶豫不決，做出摸耳朵的動作時，銷售員需要給顧客購買的信心，從產品的優勢、功能、便利、特色、優惠等角度說服，或針對顧客的猶豫解說。

❖ 摸後腦勺

顧客摸後腦勺，同樣表示他正在猶豫，不知道如何做何決定。做出這種動作的顧客一般沒有什麼主見，極容易被人說服。如果銷售員此時加強推銷，很容易有效果。

業務員在和一位客戶談判時，將自己能夠提供的利益都攤在客戶面前了：「張經理，這是我們能夠拿出的最大誠意。成與不成，

都是您一句話。」

此時客戶摸摸後腦勺，表情認真又有些焦急：「我看了你們的方案，各方面都很不錯，只是我對報價這一塊，還是覺得有些高。」

業務員回答：「關於價格，我們團隊做了很久的分析，目前這個報價是最保守的，也是最安全的，一定能讓您大大提高效率。當然，我們也為了能提供好服務，相應地增加了一些成本。我們是有打算長久合作的，並不是只做一次性生意。」

聽了業務員的話，張經理沉思了一下：「你說得確實很有道理。大家也都不容易。那這樣吧，我們先訂一批貨，看看效果如何。如果服務的確好，我們就繼續合作，其實我很喜歡你剛才坦誠的態度。」

銷售員在面對顧客的猶豫時，瞭解到顧客對報價不太滿意，於是針對報價開誠佈公地進行說服，最終打消顧客的疑慮，實現成交。

雖然咬指甲、摸耳朵和摸後腦勺都表示顧客在猶豫，但不同動作背後隱藏的猶豫原因不同，銷售員不僅要看出顧客的猶豫，更要洞察背後的原因。

當顧客做出咬指甲、摸耳朵、摸後腦勺等動作時，表示猶豫不決，你要「加一把火」。

07 雙手交叉抱胸時，該聊點顧客感興趣的，「自嘲」也行

顧客作為被動方接受銷售員的推銷時，往往會呈現防禦姿態，如雙手交叉抱胸、身體不自覺往後退、雙手緊緊插進口袋等。但是這種戒備並不具攻擊性，只是出於保護自己的心理。

如果是初次見面，顧客保持雙手交叉抱胸的動作，透露出他此時心中的台詞是「生人勿進」，暗含自我保護之意，經由雙手與外界隔出一定的距離；如果在銷售過程中，顧客突然做出雙手抱胸的動作，表示顧客不太認同你說的話，或你說了令他不愉快的事，導致他不願意繼續交流。

除了雙手交叉抱胸，以下動作也透露出顧客心存戒備。

❖ 雙手插進口袋

雙手插進口袋，是一個防禦性動作。當一個人有意識地隱藏身體部位，一般表示對外界有戒心；而雙手插進口袋，在一定程度上能夠給自己帶來安全感。

圖 3-13　顧客存有戒心的表現

下巴微微抬起

單手或雙手插入口袋

❖ 單手插進口袋

單手插進口袋也表示顧客此時有戒心。與雙手插入口袋不的是，單手插入口袋更顯現出顧客正在擔憂某種問題，例如擔心產品品質有瑕疵、產品價格太高等。

❖ 下巴微微抬起

一般來說，當一個人的下巴微微抬起時，眼神和表情也會有所變化，比縮下巴時更帶有冷漠的意味。當銷售員向顧客推薦產品時，若顧客微微揚起下巴且表情冷淡，表示他對你產生了戒心。

無論顧客做出哪種防禦性動作，銷售員都要注意一點——此時顧客是對你，而不是對產品有戒心，可能是你的言行、態度讓他覺

圖 3-14　以寒暄消除顧客的戒心

得不舒服了。所以，要解決的是如何打消顧客對你的戒心，而不是處理產品問題。

　　針對此點，銷售員可以從顧客的背景，如姓名、家鄉、星座等話題中，尋找彼此的共同點。

　　例如：「我老家在○○，您是哪裡人？」如果對方剛好和你來自同一個地方，就能夠快速拉近距離，並且輕鬆地打開話題；如果對方和你來自不同的地方，銷售員也可以尋找發散話題，如「你們那裡有一個很出名的景點○○對吧？我和朋友去那裡玩過，風景真的很美。」或者「我們的老家都有一個共同特點，就是有名的小吃特別多。」總之，尋找一些日常小話題，既不顯得突兀，又能帶動顧客的參與感。

面對心存戒備的顧客，要先讓他打開心扉。

(1) 用讚美的方式減少顧客戒備

人都是喜歡聽讚美的，只要這種讚美是發自內心的、真誠的，一般都能讓對方高興。讚美的對象可以是顧客的服飾、樣貌、品位、文化素養、辦公環境、孩子等。例如，「您今天氣色真好」（比直接說「您很漂亮」更具有說服力）、「您的小孩個子也很高」（一個「也」字同時讚美了顧客和孩子）。在讚美的時候，最好只突顯某一個特點，更能讓對方信服。

(2) 從顧客身邊尋找讓對方得意的話題

一般來說，談到對方很得意或很有成就感的事情時，都會令對方愉悅。在向你分享的過程中，也會無意識地卸下戒備，敞開心扉。所以，開啟話題後，銷售員要以顧客為中心，讓對方暢所欲言，不要隨意打斷。

例如，某業務員正在介紹產品時，客戶突然雙手交叉抱胸，表現出防禦姿態，於是業務員停止介紹，饒有興致地看著客戶身後書架上擺放的幾個獎盃，並問道：「李經理，我可以看看這些獎盃嗎？」、「您還得過攝影獎啊，那您拍的相片一定很專業」等。

(3) 經由「自嘲」的方式引顧客發笑

當一個人發自內心地笑出來時，表示對你卸下戒備，能夠以真誠、友好的心態與你交流了。所以，當顧客對你存有戒心時，不妨「自嘲」一下，引顧客發笑，以緩解緊張氣氛。

　　例如，自己的弱點、自己最近的糗事、自己剛剛碰見的有趣小事等，都可以拿來開個玩笑，讓顧客感覺到你是一個有意思的人。

　　從某種程度上說，遇到一心為推銷產品而來的銷售員，顧客一般都會以「自己絕對不能被騙」、「我絕不能輕易相信」等心態加以防備。一旦銷售員突破顧客的這種負面預設，就很容易打開顧客的心扉。

> 適當的「自嘲」不但可以緩解緊張氣氛，還可以讓顧客感覺到你是一個有趣的人，為接下來的交流打開大門。

08 女方態度冷淡時，你該換個說詞來讚美她

伴侶一起購買產品時，女性的影響力往往很大。因此，不少銷售員會主動讚美女方，以獲得支持。

業務員小王拜訪一位聯繫了很久的客戶張經理，他進門時，發現張經理的夫人也在場。他見張夫人保養得很不錯，於是讚美道：「經理夫人真是個美女啊，不輸明星呢！」

說完之後，卻發現對方沒有多大的反應，只是禮貌性地笑了笑，說了聲：「謝謝，過獎了。」在尷尬的同時，小王立即意識到顧客對自己的讚美不感興趣，卻不知道如何打破尷尬的局面。導致在接下來的銷售過程中，小王內心窘迫，像是被迫完成任務一樣，匆匆忙忙地結束了。

為什麼會出現這樣的情況？一個很重要的原因是，經理夫人對「不輸明星」的讚美不認同。這種泛泛的讚美之詞，一方面奉承的意味很重，另一方面也顯得太平泛、不夠真誠。

所以，並不是所有讚美都會得到理想的效果，當你對顧客的女性伴侶表達讚美後，對方若出現以下幾種表情就表示不感興趣。

圖 3-15　簡單回覆，表示對讚美無感

❖ 低頭俯視或轉身

　　一個人喜歡你的讚美，會下意識地面向你、抬頭看你，呈現積極友好的姿態；相反地，如果對你的讚美不認同，就會低頭俯視或轉過身去，呈現消極、不友好的姿態。如果銷售員發現讚美顧客的女伴之後，她不正面對著自己，就要意識到你的讚美令對方不感興趣。

❖ 消極回應

　　一般情況下，一個人被讚美時會心生喜悅，並會順著對方的讚美熱情地發表看法。例如，有人誇你：「你的廚藝真好，做的菜太好吃了！」如果你對此話題感到興趣，會眉開眼笑地回應：「真

圖 3-16　讚美的 4 個要點

的嗎？可能我吃習慣了覺得很一般。聽你這麼說，我真是太開心了！」這是積極的回應。消極的回應則是：「是嗎？謝謝你。」一般不會超過 10 個字，並帶著冷淡的表情。

　　當銷售員讚美顧客的女伴之後，發現其表情平淡，語氣沒有太大的起伏，回應的字數也很少，就說明對方對你的讚美不是很在意。

　　讚美是一門學問，多一分會顯得諂媚，少一分會顯得不真誠。尤其是男性銷售員在讚美顧客的女伴時，一定要掌握好輕重。花言巧語式的讚美只會讓對方覺得油膩、不正經，令人心生反感。且讚美要禮貌周到，讓人能發自內心感到愉悅。具體來說，銷售員在讚美顧客時要注意以下幾點。

(1) 女性銷售員的讚美要具體

在讚美顧客的女伴時，女性銷售員可以對其著裝、氣質、品位進行讚美。用詞上應避免大而化之，而是要精確、具體，會更具有說服力。

例如「您的衣品真好，很少見到有人能把紫色裙子穿得這樣有氣質。」或「您的髮質也太好了吧！這麼柔順光滑，真是羨慕您！」或「這雙高跟鞋真是適合您，腿的比例好顯修長，可惜我是一個不怎麼穿高跟鞋的人。」

但如果是男性銷售員，最好避開這條讚美策略，選擇下一個策略。

(2) 男性銷售員的讚美要禮貌周到

男性銷售員可以從「讚美顧客的角度」去讚美其女伴，這種讚美才不會顯得冒犯，才會禮貌周到。例如，銷售員得知顧客的衣服是其夫人搭配的，於是說：「張經理，您這身衣服簡直是量身定做的，夫人的眼光可真好！」或說：「李經理，您事業做得這樣大，原來背後有一位賢內助啊！」這種讚美方式一是「一箭雙雕」，既讚美了顧客，又讚美了顧客的女伴；二是更顯得尊重，讓人心生好感。

(3) 見縫插針的讚美方式更自然

不要視讚美為一項既定的任務，而是要讓讚美變成一件順其自然的事情。例如，銷售員在拜訪顧客的時候，顧客的夫人泡了一杯茶，銷售員讚美道：「好茶葉還需要好手藝，這杯茶喝了馬上回甘呢！」

⑷ 讚美一定要真誠

如果讚美不夠真誠，即便讚美的內容真實可信，還是會讓效果大打折扣。

一是語氣要真誠，不能顯得油腔滑調。

二是表情要真誠，不要顯得誇張、浮誇。

三是在讚美的時候，要真誠地看著對方的眼睛，用你的眼神告訴對方「你真的很美」、「氣質真的很好」等。讚美時眼神真誠、堅定，會讓顧客從內心感受到你的真誠。

讚美是最低成本的快樂，是基於尊重他人、看到他人身上的長處、以對方為重等目的為前提的，不僅僅是為了獲得對方的好感。所以，讚美顧客的女伴時，一定要方法恰當，保持真誠，讓對方能自內心地被你的讚美取悅。

讚美要真誠、具體、禮貌周到，否則只會適得其反。

09 電話中聲音變「亮」時，你該做的就是乘勝追擊！

　　電話銷售員常常有一個疑惑：「我們只是經由電話與顧客交流，看不到顧客的眼神、動作，如何得知顧客是否對我們的產品感興趣、是否認同我們呢？」這就需要銷售員積極地從顧客的聲音中找線索了。

　　在電話銷售中，顧客開始認可你時，會有一個很明顯的訊號，那就是通話的聲音會變「亮」。這裡的「亮」有 3 個表現：顧客的聲音由不清晰變得清晰、顧客的聲音由平靜變得激動、顧客的聲音由消極變得積極。

❖ 顧客的聲音由不清晰變得清晰

　　顧客不認同你時，通話聲音往往是不清晰的，尤其在你問到是否有簽訂合約、購買產品的意願時，顧客更會支支唔唔，說不出所以然來。相反地，當顧客開始認可你，他的聲音會變得清楚，音調也會提高，聲音會變得有情緒起伏。

　　電話銷售員小張和顧客通話：「王經理，您好，我是○○公司的銷售員小張。上次您向我們諮詢的○○事情，考慮得怎麼樣了呢？」

135

圖 3-17 說話支支唔唔，表示還沒有認同你

王經理支支唔唔：「這個事情啊，我還沒有……，我還在考慮中，還沒有做好決定。」

小張聽到顧客聲音低沉，說話支支唔唔，就知道顧客還沒有充分信任產品，自己也還沒被認可，於是接著問：「這樣啊，您有什麼顧慮儘管說，我一定給您最確實的答案。」（解除顧客的防備）

王經理沉吟了一下：「那好吧，我就直說好了。我覺得你們的產品是挺不錯，但就是價格高了些。」

小張：「請問，您說的價格高是與哪款產品比呢？」（進一步詢問顧客原因）

王經理接著回答，聲音明顯變得清晰了一些：「別家的比你們便宜 1 千元左右。另外說句直白點的，其實用哪家的產品都是用，何必選價錢高的，您說是不是？」

小張笑著說：「王經理您說得沒錯，但那些價格低的產品，有

時問題層出不窮。但我們的產品從選材料到製作，每一步都是嚴格把關的。有很多新顧客都是老顧客給介紹的，您的同行○○公司也是我們長期的合作商。」（共情＋增強顧客的信心）

王經理：「哦！○○公司是你們長期的合作商？」

小張明顯聽出顧客變得更興奮，聲音和情緒有起伏，推測顧客開始信任自己了，於是接著解釋：「沒錯，王經理，我們一直合作得很愉快。我們公司從事這個領域已經 10 年了，憑著品質和口碑積累了很多老顧客。」

王經理聲音更響亮了：「那這樣吧，你看你那邊是否方便，我們見面再好好聊一聊。」

顧客的聲音從一開始的支支唔唔到後來的清晰、活潑，顯示出開始認可銷售員，小張也意識到這點。接著針對顧客在意的重點問題又做了進一步解答。等到顧客想「詳細瞭解」的時候，成交之門就打開了。

❖ 顧客的聲音由平靜變得激動

當顧客的聲音由平靜變得激動，也表示認可銷售員了，不再抱著拒人於千里之外的態度。在日常生活中，我們也會有這樣的感受：和不熟識的人說話時，內心會有所防備，語氣會比較平靜，因為我們並不打算與對方建立長久的關係。

同樣，顧客在認可你之前，通話的聲音通常較平靜，沒什麼起伏，抱著「任你怎麼說」、「先看你怎麼說」等心態。等到信任你之後，通話聲音會有高低起伏，甚至會和你說笑。一旦察覺這個變化，就要意識到銷售機會來了。

❖ 顧客的聲音由消極變得積極

當顧客開始信任你時，通話聲音也會由消極變得積極。例如，聲音從懶洋洋、死氣沉沉、若有若無的回應，變為愉悅、有精神、認真的回應，這就是消極轉為積極的訊號。

除了電話銷售，在實際銷售場景，也可以根據聲音判斷銷售時機。如果顧客除了聲音變化，還帶著一些積極的表情變化，如點頭、微笑、應和等，就表示態度發生了積極的轉變，開始認可你。這個時候，就要想辦法抓住銷售機會，趕緊進一步展開銷售。

當察覺到顧客已經開始認可你時，一定要乘勝追擊。

10 身體前傾時，要能看出顧客對產品很有興趣

　　銷售員為顧客介紹產品時，如何判斷顧客是否有興趣呢？有一個簡單的辦法，就是看顧客的身體是否向前傾。

　　我們在生活中都有過這樣的經驗，對一件事物感興趣或有需求的時候，往往會身體向前傾、伸長腦袋，想要瞭解更多的訊息，銷售中也是同樣的道理。銷售員為顧客介紹產品時，顧客身體向前傾，或不自覺地轉向銷售員、向銷售員靠攏，這些訊號都說明顧客對產品有需求。

　　除了身體向前傾之外，還有哪些動作表示顧客對產品有需求呢？

❖ 顧客反覆、仔細地端詳產品

　　當顧客對產品有需求，他會反覆、仔細地端詳產品，查看產品的做工、材質、款式等，查看的時間越久，表示需求越強烈。相反地，如果顧客對產品沒有需求，就不會反覆、仔細地查看產品，即便有類似動作，一般也不會超過 3 秒。

　　家電銷售員小王在做產品促銷時，看見顧客在一款電鍋前面停留許久。其間，這位顧客不斷拿起電鍋反覆查看，尤其是將電鍋的

圖 3-18　顧客對產品有需求時的表現

內膽翻來覆去，看了將近 5 分鐘。

於是，小王上前介紹道：「阿姨，這款電鍋很耐用，煮出來的米飯很香，粒粒飽滿。」

阿姨點點頭：「沒關係我先看看，家裡那款電鍋用了很長時間了，打算買一個新的。」

小王：「阿姨，那您慢慢看，我們剛好在做活動，今天買很划算呢。」

阿姨笑著說：「是嘛！那我可得好好看看。」她一邊說一邊查看了電鍋的插頭。

案例中顧客的表現，非常明顯地暗示：「我想買這款電鍋。」在這種情況下，像小王那樣介紹產品優勢的同時，也強調優惠活動，往往能夠很快實現成交。

> **圖 3-19 顧客長時間試穿、試用，要加強推銷**

❖ 顧客試用或試穿產品

一般來說，當顧客對產品沒有需求時，不會想試用或試穿。一是怕麻煩，二是內心壓根沒有「看看效果」的衝動。相反地，當顧客試用或試穿產品，並且仔細確認效果，表示購買的意願比較大。試用的時間越久，對產品的需求越強烈。如果銷售員發現顧客長時間地試用、試穿產品，就要立即加強推銷。

例如，顧客試穿了一雙鞋子後沒有立即換下，而是由鏡子反覆查看穿上鞋的樣子。

銷售員這時要不遺餘力地展開推銷：「這雙鞋子您穿著真的很好看，而且這個顏色很好搭配衣服。」

顧客點頭：「嗯，確實還不錯，大小也合適。」

銷售員：「剛好我們今天新款上市，有9折優惠。」

銷售員從顧客的試穿過程，看出她對產品的需求強烈，於是經由強調「有9折優惠」的方式加強銷售。

❖ 顧客下意識地附和銷售員

顧客下意識地附和銷售員，也表示對產品有需求。例如，銷售員說「這件衣服很柔軟」、「摸起來手感很好」，此時顧客也附和著說「確實，摸起來很舒服」、「穿起來應該很溫暖」。

當顧客對產品的需求比較強烈時，除了語言上附和，身體也會有所附和。例如，銷售員請顧客感受一下產品的質地時，顧客會積極配合地去撫摸、感受，並下意識地點頭表示贊同。這些動作都顯示出對產品有需求，銷售員要抓住銷售機會，從產品角度不斷引導顧客說出「是」，讓顧客說服自己購買。

❖ 顧客的瞳孔放大

一般來說，當一個人看到自己喜歡的事物，瞳孔會放大，有驚喜的感覺。銷售員在銷售產品時，如果發現顧客瞳孔放大，就表示顧客對產品有需求，這時要加強推銷。

❖ 顧客的眼神變得堅定

對產品有需求的顧客，與對產品沒有需求的顧客相比，明顯的區別是前者的眼神很堅定，就像獵人看到獵物一樣，很有目標感，

能夠迅速鎖定產品；後者因為對產品沒有需求，眼神飄忽不定，不會將焦點集中在產品上，往往一閃而過。

　　總之，當顧客對產品有需求時，行為會不一樣。銷售員要善於觀察，一旦確定顧客有需求，就要快速推進銷售，從產品的功能、優勢等角度說服顧客購買，也可以經由肯定其需求，來加強顧客購買的決定。

　　例如，顧客對保濕類保養品有需求，銷售員這時若是強調皮膚補水的重要性，同時強調該產品的保濕設計和效果，會大大增強顧客購買的決心。無論如何，只有先鎖定顧客的需求才能進行銷售。

一旦確定顧客需求，就要快速推進銷售。

11 欲言又止時，你該給真誠的建議，動之以情

有這麼一個有意思的小故事。

某富翁娶妻，此時有 3 個人選。富翁給 3 個女孩各 5 千元，讓她們去買能把房間裝滿的東西。第 1 個女孩買了很多棉花，裝了房間的 1/2；第 2 個女孩買了很多氣球，裝了房間的 3/4；第 3 個女孩買了一支蠟燭，光瞬間充滿了整個房間。

最終，富翁選了身材最好的那個。

笑話歸笑話，但是這也給出一個啟示：當一個人的真實需求不方便宣之於口時，他會找出其他藉口，來掩飾自己真正的需求。

❖ 顧客的真實需求，不一定會說出口

在銷售場景也是如此，顧客告訴你的不一定是他的真實需求，就像是上面故事裡的富翁，只是虛晃一招，找個藉口應付你罷了。隱藏真實需求的人，其特徵就是欲言又止，想說又因為有特殊情況而不能說，似乎有難言的苦衷。

顧客的真實需求不便於說出口時，具體上會有什麼表現呢？

首先，說話時，顧客會表現出欲言又止的樣子，吞吞吐吐、支

圖 3-20　顧客欲言又止的對應

站在顧客的角度思考、提問

動之以情、曉之以理

真誠友好地給顧客時間

抱著尊重對方的心態去試探

支唔唔，顧左右而言他，給人半天說不到重點的感覺。即便說出來了，也會讓人覺得言不由衷。

　　其次，在表情上，顧客會表現得不自然，出現糾結、焦慮等神情。

　　最後，在肢體語言上，顧客的動作會比較僵硬，手部動作會比較頻繁，以此抒發心中的鬱悶、不安情緒等。

　　當顧客的真實需求不方便說出口時，銷售員該如何應對呢？

❖ 站在顧客的角度思考、提問

　　一般來說，顧客的真實需求不方便說出口時，有以下幾種情況：一是真實需求令人羞怯；二是真實需求對銷售方來說非常不利；三是真實需求說出來會折損顧客的形象。

　　這時銷售員要充分體諒顧客，不要以逼問的方式，無論言語還

圖 3-21　暗示顧客的真實需求無需隱瞞

是時間上，都要站在顧客的立場，明確地表現出自己和顧客是站在同一邊的，讓顧客卸下心防。

❖ 動之以情，曉之以理

這裡的「情」和「理」是為了表明自己是理解顧客的，對一切言行都能理解。例如，「我們都是女人……」、「我們都是講求實際的人……」等。

用「我們」，而不是用「我」和「你」，更容易與顧客建立同理心。這些話語能夠給對方安慰，暗示顧客無需隱瞞真實需求，因為大家都能理解。

> 當顧客顧左右而言他時，極有可能是因為真實需求不便宣之於口。

❖ 真誠友好地給顧客時間

當真實需求不方便說出口時，顧客內心是緊張、敏感、不確定的。這時候如果銷售員在言語上有冒犯、衝撞顧客，只會讓顧客更不願說出內心的想法。因此銷售員要真誠，對顧客要有耐心，不要顯露出負面情緒。

例如「您要是有什麼顧慮，可以儘管對我說，這裡就我們兩個人。」一般情況下，當顧客聽見銷售員這麼說，只要銷售員的表情夠真誠、聲音夠柔和，都會嘗試說出自己的真實想法。

如果銷售員的態度繼續保持友好，顧客會漸漸打開心扉，將自己的真實需求一傾如注。

❖ 抱著尊重對方的心態試探

這裡的試探也是要站在顧客角度上提出問題的。試探時要尊重顧客，不能有所冒犯。例如說：「我能不能這樣理解，如果改成○○，您肯定會購買」、「我能這樣想嗎？如果我們提供您○○，您就願意成交了」等。如果顧客的表情變得驚喜、態度積極，那就表示銷售員說對了。

另外，如果銷售員的「道行」夠高，看穿了對方的真實需求，可以採取給顧客找台階的方式，讓他自己說出真實需求，例如說：「這裡人多可能不太方便。您看這樣行不行，我把電話留給您，到

時我們在電話裡談」、「我先把名片留給您,您有什麼需要可以隨時跟我聯繫」等。

　　很多時候,顧客不好意思當面將自己的真實需求說出口,但是換個方式和場景,可能就敢說了。如果銷售員只顧著逼問真實需求和想法,反而會適得其反。

　　試探顧客的需求時,一定要表現出尊重,不能冒犯。

11 個快速建立信賴關係的說話技巧

- 「原來您也是○○大學畢業的啊,您是哪一年畢業的呢?原來是學長啊!」
- 「我的老家在○○,您的在哪裡呢?」
- 「張經理,您也是○○人啊。您是什麼時候來台北的呢?」
- 「真巧,我們的興趣都是打高爾夫球耶!」
- 「我最好的高中同學與您同名同姓,所以我有預感也能和您相處愉快。」
- 「我一直聽王經理說您很好相處,今天過來見您,果然沒錯!我是王經理介紹過來的。」
- 「王經理,不瞞您說,來的路上我還很忐忑,但沒想到您事業做得如此成功還這麼隨和,真是讓我大大鬆了一口氣!」
- 「您以前瞭解過皮膚的保養資訊嗎?您的皮膚偏乾性⋯⋯」
- 「您現在看的這個產品不太適合您,讓我先來幫您看一下您的狀態。」
- 「我在這個行業10年了,可以讓我先瞭解您的需求嗎?」
- 「您在膚質真好,在保養上花了不少時間和功夫吧?」

14 個激發購買意願的說話技巧

- 「不在我這裡買也沒關係，但採取這個方案絕對比較好。」
- 「貴社將是第一家引進的公司。」
- 「如果真的要做的話，什麼時候進行比較好？」
- 「我們公司目前有一項活動方案。」
- 「引進這款新產品，可以作為貴單位的產品開發業績。」
- 「您說價格比較貴，是和什麼廠牌的相比呢？」
- 「如果您覺得沒有這個價值，不一定要勉強簽約。」
- 「合約內容若是不滿意，10天內可以取消訂單。」
- 「如果貴公司有意引進這個產品，有沒有不方便的日子？例如，月底、月初，或是 5 日、10 日等結帳日……」
- 「張經理，今天是個好日子，我們就選在今天簽約，一起提升運氣吧！」
- 「如果我們的設備能為您提高40%的產量，有興趣看一看嗎？」
- 「我從事這個領域已經 10 多年了，累積了一些經驗，您遇到的問題我也經歷過……」
- 「老實說，張經理，我們已經為您的同行解決了類似問題……」
- 「如果我們有能讓您節省成本的方法，有興趣瞭解一下嗎？」

第 4 章
當顧客「口頭拒絕」時，
這樣回讓成交跨一大步！

　　銷售過程不是一帆
風順的，面對顧客的各種
異議，銷售員要能看出背
後的真相，洞察顧客當下
的心理狀態。

01 顧客的推拖之詞，可以這樣應對……

顧客的異議是伴隨銷售過程而存在的，如對產品的品質、價格、服務有異議。面對顧客的異議，銷售員要有以下認知。

首先，有異議是正常的，銷售員不要視之為大敵，錯誤地認為是障礙。一般來說，對產品有異議的顧客往往打算購買產品，一旦銷售員成功排除了異議，會大幅提升成交機率。

其次，顧客的異議有真實和虛假之分，銷售員可能無法立即區分出真假，但是顧客的行為會透露蛛絲馬跡。

顧客提出的異議若是真的，表示有想解決的問題。如果銷售員能給出合理的解釋和解決辦法，異議也會隨之消失。例如顧客說：「你們這個冰箱感覺有點小啊！」銷售員回答：「小有小的好處，一是不會佔太多空間，二是冰箱的耗電量也小。剛才您說一個人住，其實小冰箱剛剛好，您說呢？」

假異議則是顧客對產品有需求和購買意願，但為了使銷售條件對自己有利，而不明確提出真正的異議（如產品價格高），改尋找其他的理由和藉口（如產品品質不佳），來掩飾自己的真實意圖（如想讓銷售員降價）。

一般情況下，顧客提出假異議時會故作輕鬆，雖然表面裝作毫不在意，但內心其實很在乎。例如，顧客看上了一件毛衣，試穿的

圖 4-1　顧客會用假異議掩蓋其真實意圖

時候非常滿意，最後卻故作輕鬆地說：「這件毛衣的確不錯，但是我已經有好幾件類似的了。而且感覺這件料子不太好，恐怕會起毛球。」從這兩句話來看，顧客表面上是以不缺衣服、料子不太好來表達異議，但真實的意圖並不在此。

　　常見的假異議一般是針對產品的品質、款式、設計、材料等方面，經由貶低來達到降價的目的。一般來說，顧客會找以下幾種假異議來掩蓋其真實意圖。

❖ 拖延購買時間

　　顧客明顯對產品有好感，卻說：「你們家的這款粉底是很不錯，可是家裡的還沒用完，下次再買吧！」、「我也不是很急，還

圖 4-2　幾種常見的假異議表現形式

下次再買吧！

不知道適不適合我⋯⋯

我帶的錢不夠

還得問一下老公的意見

是等到你們做活動的時候再買吧！」

　　這些都是以拖延購買時間作為藉口。顧客貌似無意，但說的時候還是會有點緊張，動作中也會洩露出線索，如眼睛離不開產品、手不斷體驗產品的質地等。此時顧客很期待你能夠給出有利於他的條件，如主動提出降價或給予折扣。

　　針對這種情況，銷售員可以這樣應對：「來得早不如來得巧。這款產品賣得很好，您要是真喜歡，我向主管請示一下，看能不能給您一個優惠價」、「做活動的時候買的確更划算，但您也知道這款是熱銷產品，做活動的時候一般很難搶到的。您不如辦個會員，可以享受 8 折優惠，比做活動的時候還划算呢！」等等。

　　銷售員要懂得其「醉翁之意不在酒」，恰當地用顧客製造的理由，給對方一個台階下，也給自己製造成交機會。

當顧客提出異議時故作輕鬆，你要察覺到這可能是虛假異議。

❖ 信心異議

信心異議是指顧客以自己對產品或服務沒有信心，作為理由來抗拒成交。例如，「這種料子的衣服不能常洗吧」、「我沒有用過這個色號的口紅，不知道適不適合我。」

針對這種情況，銷售員想要快速獲得顧客的信任，一是出示相關證據，如購買保障證明；二是銷售員在介紹產品時要實事求是、踏實真誠，不要讓顧客覺得你是一個「不知哪句話是真、哪句話是假」的騙子。銷售員真實可信的態度和形象，往往能增強顧客對產品或服務的信任。

❖ 價格異議

價格異議是假異議中最常見的一種。絕大部分顧客不會直接說「算我便宜點」，而是經由其他的表達方式暗示銷售員降價，如「這件衣服根本不用賣這麼貴」、「這兩個產品差不多，這個怎麼貴這麼多」、「我帶的錢不夠」等。

此時，銷售員可以採取以下幾種應對方法。

一是轉移話題，即不正面回應「價格貴」這件事，而是強調產品設計創新、品質好等，讓顧客有一種「值得買」、「性價比很高」的想法。

二是運用限量法來增強顧客購買的決心，如「這款產品賣得特別好，剛到的一批也就剩這麼兩件了」。

三是轉移顧客的心理壓力,如「這款產品經久耐用,按照 10 年使用期來看的話,真的很划算,您絕對可以放心」。

❖ 迴避購買

迴避購買一般是由各種理由組織起來的,是一種假的不購買異議。例如,顧客說「我還得回家問一下家人的意見」、「我以前買過類似的保養品,用起來效果不怎麼樣,所以現在不怎麼想買」等。

這時銷售員可以根據顧客所說的理由進行說服,如「家人的建議的確很重要,您是想就哪方面詢問家人的看法呢」、「您上次使用的那款保養品讓您不滿意是嗎」等,讓顧客說出更多的訊息,以探查其真正的異議所在。

提出假異議的顧客,其醉翁之意不在酒。

02 顧客隱藏想法時：要順著他的異議打開話題

　　銷售活動中，顧客提出的異議往往像冰山，只露出一角，真實異議則被隱藏在水面以下。也就是說，隱藏的部分才是顧客真正的異議。

　　隱藏異議是指藏在顧客心中，不願談及或不好意思談及的真正理由。顧客不正面提出真正的異議，而是從側面提出其他異議，目的是為了隱藏真實異議，以創造對自己有利的環境。例如，顧客將自己想要降價的異議隱藏起來，卻對產品的品質提出異議，以達到目的。

　　當顧客提出異議，銷售員提供相應的解釋或處理辦法之後，發現顧客忽然陷入沉默，這種情況往往是因為其隱藏的異議沒有被發掘出來。

　　當顧客突然陷入沉默，銷售員可以經由以下方法挖掘顧客隱藏的真正異議，以促進成交。

❖ 找到顧客真正在意的

　　當顧客有隱藏異議時，他會另外提出各種各樣的異議，如衣服的布料粗糙、產品太笨重、產品的顏色太暗淡等。銷售員要迅速結

圖 4-3　顧客的隱藏異議才是問題的關鍵

合顧客的話語和眼神、動作等訊息，從中尋找蛛絲馬跡，並揣摩顧客的心理，瞭解他的真實想法是什麼。

　　銷售員小麗向顧客推薦一件洋裝。

　　顧客試穿之後，說：「這件洋裝質料還蠻好的，只是顏色我不是很喜歡。」

　　小麗立即提出解決辦法：「除了黃色，我們這裡還有藍色、粉色和白色的。」

　　顧客這時又說：「粉色的我也不喜歡。白色好像不耐髒啊。藍色的話和我的膚色也不太搭，感覺穿起來會顯黑。」

　　小麗進一步應對道：「白色確實有些不耐髒，但是穿起來會很高雅。藍色的話其實很大氣，我覺得您個子高，藍色很符合您的氣質。」

圖 4-4　如何挖掘顧客隱藏的異議

找到顧客真正在意的

順著顧客的異議打開話題

用需求消除異議，幫助成交

　　顧客忽然陷入沉默，表情也很平淡，似乎在思考著什麼。

　　這時，小麗迅速回憶顧客一開始的言行舉止，想起對方說過：「今年已經買了好幾件夏裝，自己也不是很缺衣服，但是看見自己喜歡的衣服總是無法抗拒。」

　　小麗忽然意識到，顧客在意的可能不是裙子的顏色，異議的背後還有隱藏異議。再回想顧客一直翻看裙子的價格標籤，意識到顧客隱藏的真正異議是價格。於是她接著說：「這款裙子我們正在做活動。您如果購買兩件產品，就享有 8 折優惠。」

　　顧客明顯動搖了，小麗也知道自己找到了顧客隱藏的真正異議。

　　因此當顧客陷入沉默時，不要急於尋找突破口，而是應該充分啟動觀察力、分析力，找到顧客隱藏的真正異議，否則說得越多錯得越多。

❖ 順著顧客的異議打開話題

當顧客借助其他異議隱藏真正的異議時，銷售員要學會借力使力，讓他說出更多訊息，以鎖定其真正異議。

顧客看上了一個皮包，對顏色、款式、設計等方面都很滿意，這時卻說：「這個包包蠻好看，但以這種質料來說偏貴了！」

顧客的隱藏需求是希望銷售員能夠降價。這時銷售員借力使力，順著顧客的話講：「您眼力真不錯，這個包也就是中等皮質。您想一想，這個品牌、設計，如果皮質又好，那價格可能就要高兩三倍了。」

顧客：「但是你這包也太貴了！有什麼優惠活動嗎？」

銷售員在顧客提出的「皮質不好」這個異議上借力使力，轉移了話題，不將焦點放在產品是否值這個價錢，而是經由與更高價的包對比，暗示顧客「買得值」、「一分錢一分貨」。在這種情況下，顧客不得不表露出真正的異議，直接提出優惠的要求。

❖ 用需求消除異議，促進成交

有時候，顧客隱藏的異議會表現在對產品沒有那麼大的需求，或者沒有意識到產品對自己的重要性上，所以會找各種表面的拒絕理由。銷售員挖掘顧客隱藏的真正異議時，要學會試探顧客的心理動機，找到真實需求，才能說服顧客成交。

銷售員小李向顧客推銷一款電動牙刷，價格是普通牙刷的 10 倍。顧客很不屑地說：「就這麼一支牙刷 500 元，看起來比一般牙刷也沒好多少！其實用什麼牙刷還不是一樣嗎？」

小李笑了笑，沒有反駁顧客的話，而是展示了普通牙刷和電動

牙刷的使用效果。他一邊展示一邊說：「想一下自己早起還睡眼惺忪的時候，手動刷牙沒什麼力氣不說，也會像走形式一樣，不認真刷。但是，使用這款電動牙刷，你閉著眼睛就能把牙齒刷乾淨。」

　　顧客這時忽然沉默，小李看出顧客動心了，只是對價格還有異議。於是，順勢提出優惠：「您今天購買這款牙刷，我再送你 3 個電動刷頭，其實還是很划算的。」

　　最後，顧客的防線被攻破了：「那我就買一支吧。」

　　挖掘顧客隱藏的真正異議的過程，有時也是打開銷售機會的過程。消除顧客對產品的偏見，引發購買的需要，也是處理顧客隱藏異議的重要一環。

挖掘顧客隱藏的真正異議，你離成交就只有一步之遙了。

03 面對顧客的假裝離開：可以給予小優惠

不少銷售員常常會碰到這樣的銷售場景。

顧客問：「這條褲子怎麼賣？」

銷售員：「一件 800 元。」

顧客：「這件褲子要 800 元？算我 500 元一件我就買了。」

銷售員：「500 元一件？這不可能。您看這褲子的質料、設計都很好。這樣吧，您要是真喜歡，700 元賣給您了。」

顧客：「700 元太貴了，我最多能給到 600 元。」

銷售員：「600 元真的不行，我都賺不到錢。」

顧客：「那好吧，我也不堅持了，我去別家看看吧……」

這時顧客假裝走開，銷售員也知道他的意圖，於是喊回顧客：「好吧好吧，就 600 元賣給你。多給我介紹顧客啊！」

上述的例子中，顧客對產品確實有需求，只是想經由「離開」的方式得到一點小優惠，如產品降價、送贈品、送折扣券等。此時，銷售員一定要適當地給一點優惠，讓顧客可以順著「台階」留下來。

當顧客假裝離開時，為了給顧客一個台階下，也給自己銷售機會，銷售員可以採取以下方法。

> **圖 4-5　用一點「小優惠」留住假裝要離開的顧客**

❖ 去零頭＋贈送小禮品

　　許多人喜歡佔便宜的感覺，銷售員要明白顧客的這種「貪便宜心理」。遇到顧客討價還價時，銷售員可以採取去零頭的方式，來應對假裝離開的顧客。

　　服裝銷售員小麗向顧客推薦裙子，顧客看上一件價格1150元的裙子，而她能接受的價格是1000元。

　　小麗表示為難，試圖從產品的品質說服，但顧客不為所動，打算離開。

　　這時小麗進一步堅定立場，但也給顧客提供了優惠：「這條裙子不但料子很好，還是新品，我真的沒有辦法按您說的價格銷售。您看這樣好不好，我給您去零頭，再送您一雙絲襪，這也是我能展現的最大誠意了。」

圖 4-6　有技巧地為顧客主動爭取優惠

> 送我一個大相框的話，我今天就付款

> 經理您好，我這邊來了一個朋友，我們能不能⋯⋯

聽到小麗的話，顧客剛剛跨出店門的一隻腳收了回來。

小麗的回答確實是為顧客考慮，而且明確地給出優惠——去零頭、送絲襪，這也是給顧客的切實利益；小麗的態度也已經很明確，顧客能從她的話中感覺到「如果自己不接受這個提議，銷售員也不會再讓步了」。在這種情況下，如果顧客是真心想買，就會接受銷售員的提議。

所以，銷售員給出優惠時，也要掌握策略，不要跟著顧客的思路走，而是自己要先提出解決方法，將選擇權交給顧客。一般情況下，顧客是不會放棄這個好機會的。

❖ 藉口請示主管

面對顧客的過分殺價和贈品要求時，如果想留住假裝離開的顧

客，又不想直接答應他的要求，銷售員就可以用「請示主管」的方式先把他留下來。

顧客想要拍一組寫真集，折價後是 25000 元。顧客表示如果是 2 萬元，自己就能接受。銷售員表示可以，但是不能再加贈大相框了。

顧客不同意：「我知道你們的利潤還是很大的，再送我一個大相框還是有賺。」

銷售員回答：「我們不只是拍拍照這麼簡單，後續還要做很多工作，會花費很多人力和時間。」

顧客想了想：「能不能再優惠些，我這邊預算真的只有 2 萬元，如果不行的話，那我還要再回去想一想。」說著顧客已經打算起身了。

銷售員回答說：「您的心情我能理解，但是 2 萬元真的是我們能接受的最低價格。這個價格的話，我們只能贈送 3 個小相框，大相框是真的送不了。我看您也是真的想拍，看這樣行不行？我們這裡有一個滿 3 萬元送訂製照片抱枕的活動。我現在去問我們的主管，讓您也索取一個，您看怎麼樣？」

顧客馬上說：「兩個！」

銷售員拿出手機，當場打電話給主管：「我這邊來了一個好朋友，能給個優惠嗎？上次我們辦的送訂製抱枕的活動還有嗎？有多少個呢？只剩下一個啦？您能不能再確認一下呢？就只剩下一個抱枕了是嗎，好的⋯⋯」

「顧客，我們這個抱枕只剩下一個了。」

「好吧好吧，就這樣吧⋯⋯」

碰到假裝離開的顧客，銷售員給優惠時一定要有自己的方向和節奏，不能為了成交一筆生意，就無節制地答應顧客的要求，這是

一種得不償失的做法。案例中的銷售員經由假裝「請示主管」的方式為顧客爭取利益，並強調了利益得之不易，進而讓顧客接受他的解決方法，實現成交。

　　一般來說，當顧客假裝離開時，其實他的購買意願還是很強烈，這時銷售員要機智地給顧客台階下，或給予一些小優惠，就能成交。

當顧客假裝離開時，一定要給他台階下。

04 被亂殺價時：試著用產品價值說服

　　殺價是許多人購物時的潛意識行為，幾乎人人都想用低於定價買到產品。有的顧客是小幅度殺價，如讓賣家去零頭；有的顧客是大幅度殺價，甚至是胡亂殺價，原本是 1 千元的產品，顧客非要500 元買到手。

　　但如果實際售價低於產品進價，銷售員就不賺反賠了。例如，一款產品的出廠價是 2200 元，售價是 2400 元，結果顧客直接砍到1800 元，如果銷售員答應了顧客的殺價要求，就等於每件產品虧損 400 元。

　　事實上，絕大部分顧客殺價都是基於市場行情，在合理的範圍內進行砍價，確保賣方還有一定利潤可圖。因為顧客也知道，賣方不會做賠本的生意。所以，當顧客要求的售價遠遠低於成本價時，也透露出顧客對市場行情不瞭解，不清楚產品的價格範圍。

　　正是因為顧客對市場不瞭解，對產品不熟悉和不信任，才會害怕吃虧而胡亂殺價，盡可能地把價格砍到最低，以試探銷售員的反應。即便後期銷售員往上加價，自己也站在一個相對有利的位置。

　　遇到胡亂殺價的顧客時，許多銷售員會產生負面情緒，消極地與顧客講價，覺得大不了不做這筆生意了。這種做法不但可能丟失顧客，還會影響自己的心情。其實，顧客大多是因為不瞭解行情才

圖 4-7 如何應付亂殺價的顧客

先試用後談價，讓產品本身傳遞價值

展示產品價值，讓顧客自己衡量

有這種行為，因此銷售員要保持耐心，不能因此心生抱怨，將不滿情緒掛在臉上。

具體來說，銷售員可以採取以下兩種方法，來應對胡亂殺價的顧客。

❖ 先試用後談價，讓產品傳遞價值

面對胡亂殺價的顧客，比較好的方式是讓顧客先試用產品再談價格。顧客可能一開始對產品不瞭解，一旦試用後，產品本身會傳遞更多訊息，讓顧客直接感受到產品的價值，例如以下這個例子。

顧客：「老闆，這條褲子怎麼賣？」

銷售員：「500元。」

顧客：「200元賣不賣？」

銷售員：「先生，您先穿上試試，您要是覺得合適我們再講價錢，一定給您最優惠的價格。您穿多大尺寸？」

圖 4-8　用試穿效果應對顧客的亂殺價

　　顧客想想也是，於是試了試褲子。褲子很合身，顧客也很喜歡，又問銷售員：「這褲子 200 元賣嗎？」

　　銷售員回答：「先生，您看看這個質料，穿在身上舒服，剪裁也時尚，連口袋的設計都是花了心思的。我看得出您是真的喜歡，也不就跟你遮遮掩掩了，這樣吧，您 400 元帶走，以後多來照顧我們的生意就好了。」

　　顧客想了想，又看了一下口袋的設計，說道：「好，在哪裡付錢？」

　　胡亂砍價的顧客是對市場行情不瞭解，這時你要用實際效果說話。

面對顧客斬腰式的胡亂砍價，銷售員不急不躁，而是冷靜地建議客戶先試穿，然後針對顧客試穿的效果進行介紹，突出產品的實際價值，這是最終促成銷售的關鍵。

❖ 展示產品價值，讓顧客衡量

絕大部分顧客是因為對市場行情和產品不瞭解，為了避免自己受到損失故意大幅度殺價。對於這種情況，銷售員要耐心分析產品的價值，展示其功能和優點，讓顧客自己去衡量。

在此過程中，銷售員保持客觀的態度，更能讓顧客信服。相反地，如果過分贅述產品的優點或過分誇讚，只會讓顧客覺得你不夠實在而產生反感。同時，銷售員不要只說「我們的產品因為好才這麼貴」、「我們的產品就值這個價錢」等，卻始終說不出讓顧客滿意的實際理由。

例如顧客看上一件 1800 元的毛衣，於是裝作內行人說道：「我以前就是服飾業的，這衣服根本不值這麼多錢，最多也就 500 元。」

事實上，這件毛衣的出廠價是 1400 元，遠高於顧客所說的價錢。面對顧客的胡亂砍價，銷售員沒有心生不滿，而是說：「一分價錢一分貨。我們店裡今年上的新款中，賣得最好就是這件毛衣了。您看這毛衣無論款式、花色還是車線，都比較講究，並不是流水線上批量生產的毛衣。」

顧客聞言認真摸了摸毛衣的質料，又查看了一下針腳，臉上露出滿意的表情，但還是表現出一點猶豫。

銷售員看出顧客的動搖，繼續笑著說：「這件毛衣現在這個季節可以單穿，再冷一點可以搭配外套穿，冬天搭配羽絨外套也好

看，不但保暖還不起毛球。您自己穿穿看就知道了，很實穿的。」

顧客心動了：「的確不錯，可是 1800 元還是太貴了。」

銷售員：「看您也是真心想買，這是最後一件了，給您打個 95 折，再給您去掉零頭，1700 元您帶走，怎麼樣？我之前還沒有這麼賣過呢！」

顧客聽後眼睛一亮，下定了決心：「你包起來吧！」

面對顧客的胡亂砍價，銷售員的態度始終很好，既沒有直接回絕，又像話家常一樣與顧客交流，讓她放下內心的不信任，逐漸瞭解產品的價值。時機成熟後，銷售員再經由打折、去零頭的優惠方式，快速實現成交。

面對胡亂殺價的顧客，一定要讓他瞭解產品的真正價值。

05 顧客無理殺價時：需要演場戲化解

在殺價這條路上，還有一類顧客非常典型：不是不瞭解市場行情，也不是為了貪小便宜而砍價，而是為了享受殺價的過程，並且對自己要求的價格非常堅持。

銷售員小麗就遇到了這樣一位顧客。這位顧客看上一件大衣，得知售價 6500 元，就要求便宜點。

一開始小麗沒同意，而是試著從衣服的品質、做工等方面說服顧客，可是顧客聽完並不買帳，只是反覆強調要便宜點。幾番較量之後，小麗做出了讓步：「那您就給 5500 元好了。」

顧客並沒有因為對方的讓步而停止殺價：「5500 元買這件大衣還是貴了，我覺得最多 4000 元。」

小麗拒絕了：「這真的不行！賣你 4000 元我就要虧本了。您要是真心想要，5000 元，這是我能給您的最低價格了。」

顧客也很堅持：「我最多能出 4000 元，您要是同意我就買，您要不同意，也就算了。」雙方一時陷入了僵持。

其實，小麗在討價還價中一直處於下風，大衣售價 6500 元，第一次就讓價 1000 元，讓價幅度過大；第二次又打算讓價 500 元，這裡乾脆的態度，反而會讓顧客想殺得更多。

顧客玩命殺價，是不少銷售員會遇到的情況。即便銷售員一再

圖 4-9　如何滿足客戶殺價的成就感

讓步，顧客也緊跟不放手，而三番兩次殺價。為什麼會出現這種情況呢？顧客也許並不是真的想低價購買，只是喜歡從殺價中獲得成就感。價格砍得越多，他們就越有成就感。

想成功應對玩命殺價的顧客，銷售員就要有技巧地滿足他們在殺價中獲得的成就感。

❖ 讓價幅度和次數

遇到愛殺價的顧客，銷售員一定要注意讓價的幅度和次數。

首先，讓價次數絕對不能超過 3 次。一旦超過 3 次，無論顧客

圖 4-10　控制讓價的次數，還要注意讓價的幅度

是否購買，都要表明自己的態度，並直接拒絕，打斷顧客無休止的欲望。

其次，銷售員面對顧客的每次殺價，既要有所堅持，又要有所放棄，要先斤斤計較，然後「不得已」才讓步。即便銷售員一次只降一點價，只要顧客覺得來之不易，也會感覺自己「很厲害」，而產生成就感。

相反地，如果顧客一開始提出讓價的要求，銷售員立馬就答應，顧客會覺得不痛快，反而懷疑自己剛才是不是砍少了。銷售員這種行為無疑會養大顧客的胃口，讓對方還想砍得更多。

一雙鞋子售價 1100 元，顧客要銷售員算便宜一點。銷售員說：「這樣吧，我把零頭給您去掉，1000 元怎麼樣？」顧客還是

不滿意：「您再便宜一點嘛！您看我們現在還是學生，沒有賺錢的能力，您再便宜一點嘛！我以後經常來您這買，也介紹我們同學來買。」

銷售員想了想，似乎是下了更大的決心：「那好，我再讓 50 元，950 元怎麼樣？」

顧客還是不滿意：「您再降點嘛！950 元還是很貴。」

這時，銷售員的態度也變得有點強硬了，但語氣上還是很和氣：「這雙鞋子的品質您也是看得出來的，而且是新款。我是看您和我有緣份，又是學生，所以才給您降了這麼多，我以前都是照著原價賣的。」

顧客點點頭，「我知道，您再降一點價，我就買了。」

銷售員這時語氣帶著遺憾：「那好吧，我再給您降 30 元。如果這次您還是覺得貴，我也真的無能為力了。」

最後，顧客高高興興地買下鞋子。

除了要控制讓價的次數，還要注意讓價的幅度。讓價的幅度最好呈逐漸減少的趨勢，如果第一次讓價 100 元，第二次要少於 100 元，以此類推。

❖ 用表情演戲

遇到殺價上癮的顧客，銷售員在答應對方第 2 次或第 3 次殺價要求時，一定要表現出自己的無奈、遺憾和不情願，這能「取悅」顧客，讓他知道自己在這場殺價中是勝利者，能獲得很大的成就感。

例如，顧客再三殺價成功後，銷售員的表情像是打了敗仗一樣，一邊打包產品一邊遺憾地說：「我今天算是碰到對手了。看你

年紀輕輕，沒想到這麼會殺價！」、「我今天要是都這麼賣，賺得都不夠賠的呢！」

　　相反地，如果銷售員表現得太過痛快，反而會讓顧客隱隱後悔，是不是剛才殺價殺得不夠多，自己花這個價錢買是不是虧了，甚至可能會當場反悔。

　　因此，銷售員在應對顧客殺價時，一定要注意自己的聲音、表情和語氣，無論讓價多少，都要讓顧客有種「我贏了」、「佔到便宜」的感覺。當顧客看到你已經非常為難、遺憾時，他會見好就收，同時也能獲得極大的成就感。

玩命殺價的顧客，往往更想得到殺價帶來的成就感。

06 顧客挑三揀四時：正面迎擊反而有勝算

　　顧客如果對產品總是挑三揀四，如品質不好、款式老氣、容易脫線等，一方面透露出有購買欲望才會有諸多擔憂，另一方面也透露出顧客之前有過不好的消費體驗。

　　這是很好理解的一個事情，有點像「一朝被蛇咬，十年怕草繩」。為了避免再次受到傷害或上當受騙，顧客在選擇產品時會挑三揀四，確保沒有任何問題。

　　為了讓顧客此次能有良好的消費體驗，銷售員可以做好以下幾點，以促成此次交易。

❖ 保持耐心：搞清楚顧客為什麼挑剔

　　不要將顧客的挑三揀四看成找麻煩，銷售員一定要相信「挑貨人就是買貨人」，因此要保持耐心、專注、微笑。銷售過程中，要認真觀察顧客到底是對產品的哪一點不滿意，再「對症下藥」地解決。不少銷售員有一個壞習慣，即無論顧客挑出什麼毛病，都會用一句話來解決問題——我們的產品沒問題，沒有你說的這種情況。

　　正確的做法是先聽懂顧客為了什麼而挑剔，例如以下的例子。

　　顧客：「你們這款乳液用起來會不會太油啊？」

圖 4-11　顧客挑剔、質疑的問題，都積極解決

這款乳液會不會過敏啊？

我們在上市前做了大量試用，過敏率低於萬分之一

　　銷售員立即會意到，顧客是對產品的質地提出質疑，於是答道：「我們這款產品很清爽，非常適合油性肌膚。剛才檢測發現，您的皮膚是油性的，這款乳液剛好適合您。要不這樣，您先試試感受一下。」

　　顧客遲疑了一下：「還是算了，我之前買的時候也試用過，一點都看不出效果，我甚至懷疑你們的試用品和我買回去的不一樣。」

　　銷售員笑著說：「要是想看效果，簡單一次試用的確是看不出來的。但是，您可以先感受一下我們這款乳液的質地，是不是的確比較清爽。」

　　說著她打開了乳液的試用包，準備給顧客試用。顧客見狀伸出了手，但表情還是有些遲疑。

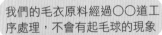

圖 4-12 對顧客的疑問詳細解釋

試用之後，顧客點點頭：「質地的確比較清爽，不像我之前買的那款很油很厚重，但是會不會容易過敏啊？」

銷售員答道：「我們這款乳液上市前做了大量的試用，過敏率低於萬分之一。如果您很不幸是那個萬分之一的人，我們無條件退換貨！」

顧客被說動了：「既然這樣，我買一瓶回去用用看吧。」

面對顧客不斷提出質疑，銷售員始終保持耐心、見招拆招，顧客挑剔什麼問題、質疑什麼問題，她就解決什麼問題，最終成功說服顧客購買。

❖ 正面做出解釋：第一時間解決疑問

面對顧客的挑剔，銷售員要正面解決問題，不要總是以「不可能」、「怎麼會」、「你怎麼會這麼想」來回應。相反地，銷售員要專業、正面地做出解釋，以打消顧客的挑剔。

以下示範幾個例子。

顧客挑剔：「這件毛衣會不會起毛球？我之前買了一件跟這個差不多的，一下子就起毛球了。」

銷售員回答：「我們的毛衣原料經過○○道工序處理，不會出現起毛球的現象。」

顧客挑剔：「這件衣服會變形嗎？我之前買了一件這種材質的衣服，洗一次就變形了，根本就沒穿過幾次。」

銷售員回答：「我們這件衣服是採用○○技術，經過○○加工處理，不會出現變形的情況。」

顧客挑剔：「你們這款產品含有超標的致癌物質嗎？我聽新聞報導過現在的衣服很多都這樣，是嗎？」

這時銷售員不要光回答：「怎麼可能」，而是要進一步解釋：「劣質產品就會出現您說的情況，但是您看我們的成分標示，標籤上都顯示合格，而且這些都是在權威機構做的品質鑑定。」

顧客挑剔：「你們家的這些衣服怎麼還是這幾種款式啊，都沒什麼變化。」

銷售員回答：「小姐，您真是我們的忠實顧客啊！與其說是款式相同，不如說是經典款。我們的產品定位是大範圍不動，在小範圍做創新。而且時尚其實都是輪迴的，這幾款一直都賣得很好呢！」

顧客挑剔：「這件衣服是白色的，太容易髒了吧。」

　　銷售員回答：「這個顏色是我們這裡賣得最好的一款。黑色確實很耐髒，但會讓人顯得很沉悶。白色穿起來更顯時尚，而且您膚色白，穿白色會更清新脫俗。您試一試，就知道效果了。」

　　面對挑三揀四的顧客，銷售員要正面回答顧客的疑惑，直接面對顧客的挑剔，並做出進一步的解釋，而不是僅僅回應「不會」兩個字，或顧左右而言他。

　　銷售員要理解顧客之所以挑剔，一定是因為想買，才願意花時間、精力去挑剔，同時也因為有過類似的不好經驗，才會在這次購買過程中有所挑剔。如果銷售員處理不好顧客的挑剔，就會增加顧客對產品的不信任感，不但會丟掉眼前這筆交易，還有可能從此丟掉這個潛在顧客。

當顧客挑三揀四時，說明你的機會到了。

07 顧客貨比三家還不買時：表示期待更貼心的服務，你得⋯⋯

家電銷售員小王接待了一位顧客。對方打算購買一款洗衣機，並透露這已經是他看過的第三個家電賣場了。

小王詢問顧客：「您想要買什麼樣的洗衣機呢？」

顧客說：「就是雜音小、殺菌能力強的那種，其實也不用多高級。」

小王從顧客的這句話中，迅速瞭解其實顧客的要求並不高，在其他的家電賣場也能輕易買到，但為什麼顧客還在貨比三家不立即購買呢？憑著多年經驗，小王猜想：「既然產品都差不多，顧客卻遲遲沒有做出購買決定，那麼更在乎的可能是服務。」

於是小王給顧客端上一杯熱茶，拿了把椅子：「阿姨，這一上午跑得都累了吧，您先喝口茶休息一下。買洗衣機，就一定要買得安心，價格、功能、售後服務一樣都不能馬虎，您待會慢慢看。」

其實顧客來小王這家店之前，並沒有下決心要購買，打算看看就回去了。但聽到小王的這一番話，顧客改變了心意，覺得聽聽介紹也無妨。

接下來，小王從顧客口中瞭解了更多訊息：家裡的洗衣機，款式、功能都舊了，最近想換一個品質好一點、外觀時尚一點的洗衣

圖 4-13　為顧客提供貼心的服務

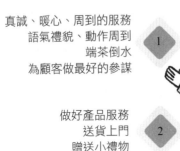

真誠、暖心、周到的服務
語氣禮貌、動作周到
端茶倒水
為顧客做最好的參謀

1

做好產品服務
送貨上門
贈送小禮物

2

機。家中就她和先生兩個人住，孩子都不在身邊。

　　於是，小王向顧客推薦了一款小巧、耐用的洗衣機，價格也很實惠：「阿姨，我剛才聽您說平時就和叔叔兩個人住，其實不用買很大台的，中型的洗衣機不但夠用，而且不佔空間，還能省下不少水費呢！」

　　顧客一聽，眼睛都亮了：「年輕人，你真的是細心又體貼，說得很有道理，我就買這台了。」

　　為什麼在顧客貨比三家後，小王能順利成交？因為小王瞭解到這位顧客，其實是想要更貼心的服務。

　　遇到類似這種情形時，銷售員如何給顧客提供他想要的貼心服務呢？

❖ 想顧客之所想，急顧客之所急

　　在產品豐盈的時代，顧客貨比三家之後還不選擇購買，除了對

183

圖 4-14　一杯冰水就能讓顧客感受你的貼心

產品本身沒有特別滿意之外，更多的是對服務不滿意，這裡的服務指的是銷售員的服務。銷售員一定要保持細心、禮貌、周到，真正為顧客設想，讓顧客感受到在你店裡購買產品很放心。

　　例如：小王考慮到顧客家裡只有兩個人，所以推薦顧客購買中型洗衣機，省水又省空間。這點是顧客提及但沒被真正關注的，此時銷售員提出來了，對顧客來說就是貼心的服務。

　　銷售員能夠提供的貼心服務來自兩個方面：一方面是體貼顧客購物的辛苦，如端茶倒水等暖心舉動；另一方面是銷售員根據顧客的訴求，為顧客介紹最適合、最好的產品，而不只是為了把產品銷售出去，就一味地對產品大誇特誇，不顧產品是否真能滿足顧客需求。

需要強調的一點是，銷售員所做的這些暖心舉動必須發自內心，而不是為了博得好感。銷售員要想像自己如果是顧客，想要獲得什麼樣的貼心服務，也就是「想顧客之所想，急顧客之所急」，把顧客的事情當成自己的事情來辦。

設想，當你大熱天到一個店家購買東西，還沒回過神來，銷售員就滔滔不絕地推薦各種產品，你會覺得開心嗎？是不是會覺得有些心煩氣躁呢？在介紹產品的過程中，銷售員不顧你的訴求，單方面把他認為最合適的產品推薦給你，會不會覺得很沒意思呢？

相反地，當你大熱天到一個店家，銷售員沒有急著向你介紹產品，而是熱情地給你倒一杯冰水，讓你先休息一會兒，是不是會覺得對方真的很貼心呢？接著，他耐心地聽你說對產品的需求，用心為你匹配產品，會不會覺得很溫暖呢？

所以，如果你一時不知道該怎麼給顧客貼心的服務，不妨把自己當成顧客，想像銷售員提供什麼服務，會讓你覺得很溫暖、很安心。

❖ 提升產品的附加價值

顧客購買產品時，不僅想要獲得好產品，還想要獲得貼心服務。除了銷售員的貼心服務之外，顧客還想享受來自「產品本身」的服務。

例如，顧客想買一款沙發，逛了好幾家店後都沒有購買，原因是前幾家店的沙發價格高且沒有贈品。最後顧客來到了一家傢俱店，銷售員明確告訴顧客：「我們店的沙發不僅免費送貨，還贈送精緻的沙發套。」

同時，顧客在挑選沙發款式時，銷售員沒有向顧客推薦店裡最

豪華、最貴的一款，而是根據顧客需求，推薦了一款素雅、耐用的沙發。顧客看了之後非常滿意，就立刻下單。

顧客之所以願意在這家店購買沙發，有兩個原因，一是來自產品本身的服務讓顧客覺得很貼心，如免費送貨上門、贈送精緻的沙發套；二是銷售員站在顧客的立場為他推薦產品。這兩點組合在一起，會讓顧客覺得很滿意。

所以，貼心的服務一方面是出自銷售員本身，另一方面是產品的附加價值，如提供上門安裝、免運費等服務，讓顧客感受到性價比更高，於是自發性成交。

貼心的服務甚至比產品更能讓顧客受感動，按下購買的按鈕。

08 顧客想賒帳時：用 3 招就能搞定

　　小王又接待了一位顧客，說是想要購買冰箱。依照顧客的需求，小王介紹了一款省電、多功能、左右雙向開門的冰箱，冰箱很高級大氣，也是店裡的熱銷商品。

　　介紹時，小王發現顧客對冰箱很滿意，尤其對左右雙向開門的設計更是讚不絕口。小王覺得這張訂單一定會成交，可就在這時，顧客忽然板起臉來。

　　小王趕緊問道：「怎麼了嗎？您還有什麼想問的？」

　　只見顧客一本正經，手托著下巴：「你們公司的產品品質沒問題嗎？材料都符合國家標準碼？這款冰箱用久了會不會故障？你們這個品牌我都沒怎麼聽過，可靠嗎？」

　　顧客一股腦地拋出諸多問題，讓小王覺得有些莫名其妙：首先，冰箱品牌是小有名氣的，品質當然也合格，為什麼顧客好端端地突然發出一連串質疑呢？

　　這時，顧客突然說：「這樣吧，我先試用一段時間，沒問題後我再付全額。」

　　小王看出顧客想要賒帳的意圖，回覆道：「您要是實在不放心，可以先交一部分定金，就能先享受產品。後續您如果覺得產品有問題，可以再聯繫我們，會在第一時間幫您解決。」

圖 4-15　顧客假裝懷疑產品打算賒帳

顧客沉思了一會兒，最終交了定金。

如果顧客在所有銷售環節都表示滿意，唯獨到了付款階段，突然對公司或產品提出許多懷疑，那麼可能是想賒帳或者延期付款。

顧客產生這種意圖有許多原因：負面原因是不想付出就想把產品帶回家；正面原因是顧客捨不得突然支出一大筆錢，或真的是對產品還不信任，所以想要延期支付費用。一般來說，到付款階段故意懷疑產品的顧客，負面原因的可能性更大。

無論顧客是賒帳還是延期付款，對銷售方來說都是一種有壓力的行為。因為這會帶來很多後續問題，如顧客不能按時付款、惡意拖欠、甚至是抵賴等，處理起來會花費大量人力、物力，甚至是財

圖 4-16　如何應對顧客賒帳或延遲付款

力。最後可能貨款追回來了，但是銷售方也損失很多。因此，銷售員不能輕易答應顧客延期支付或賒帳的要求。

　　事實上，即使銷售員知道顧客故意質疑的目的，為了能夠順利成交，也不能直接說破，如「你不會是想賴帳吧？」、「不想付錢就直說，不要在這雞蛋裡挑骨頭！」

　　這種做法很容易激怒對方，雖然有些容易被激將的顧客會為了面子而立即付款，但絕大多數的顧客會因為惱羞成怒，直接拂袖而去。最壞的情況就是顧客直接和銷售員對罵、爭吵，鬧得場面難以收拾。

　　所以，最安全的做法是看破不說破，暗示對方不可能賒帳或延期付款，同時提供更靈活的付款方式，堵住對方想賒帳或延期付款的念頭。

❖ 付定金

　　銷售員看出顧客想要賒帳或延期支付的意圖之後，可以強調：「這是我們的客製款，您如果想要買，先交 70% 的款項，剩下的 30% 交貨時再支付，您覺得這樣可行嗎？」先交一部分定金與賒帳或延期支付有所區別，前者已經支付一部分，只是沒付完；後者是還未進入付款流程。

　　也就是說，銷售員覺察顧客意圖之後，可以退而求其次。但是表達時語氣要堅定自信，不要放低姿態，讓顧客覺得你是在求他。

❖ 線上交易

　　線上交易能有效避免顧客賒帳或延期付款。如今線上交易變得很普遍，有些產品既在門市銷售，又在網上銷售。網上銷售有一個好處，就是如果顧客想購買，就要立即付款。

　　如何推薦顧客網上支付呢？銷售員可以邀請顧客在網路上下單，告訴他們會比實體店便宜，且享有實體店沒有的折扣。

❖ 語言暗示

　　銷售員察覺顧客的意圖之後，如果貿然說：「我們不允許賒帳或延期支付」，顧客一開始不會承認，接著會「借題發揮」，激化雙方的矛盾。

　　最好的方法是和對方打太極，用語言暗示顧客，如「我們都是小本生意，一年忙到頭，也就指望這時候能賺點錢……」、「我看您剛才提出的這些質疑，也是因為想買到好產品。其實大家都是這

樣，我買東西時也會仔細問清楚」等。

　　需要注意的是，銷售員說出的話要能夠引起顧客共鳴，要自然真實、富有感情、眼神坦蕩，不要暗示得太直接而暴露出自己的真實想法。

顧客若故意懷疑產品，要注意可能是想賒帳或延期支付。

7 個解除顧客排斥的說話技巧

- 「如果按照 10 年使用期計算的話，每天花費不到一塊錢，真的很划算。」

- 「李經理，我們的產品價格確實比別家高 300 元左右。但我們維修一次的費用，比別家少 500 元左右。其實價格不光是產品本身，還包括維修費用、安裝費用等，我們雖然售價高了一點，卻能讓您免去後續的煩惱，您覺得哪種更實惠呢？」

- 「看得出來您非常喜歡這個產品，只是擔心品質問題。這是我們的品質保證書，您大可以放心買，重點是我們公司還提供免費上門維修服務。」（當顧客要求你降價時）

- 「一看您就是行家，○○公司的乳液的確非常好用，他們的優點我們也都有。但很重要的一點是，您的膚質偏混合性，而○○產品更適合乾性皮膚，……」（當顧客說競品比較好時）

- 「如果您今天有時間，擇日不如撞日，就讓我就跟您說明一下吧，過幾天都跟客戶約好要簽約了。」（當客戶說自己需要再跟你聯繫時）

- 「原來您是想與太太商量一下，真體貼啊。不過我想給您一點小小的建議，如果給太太個驚喜會不會更好？」（當顧客說自己還要考慮一下時，既稱讚了對方，又婉轉地回絕了顧客再考慮機會）

- 「您也知道便宜的產品效果比較難有保證，有可能還花了冤枉錢是不是？」（顧客說競品更便宜時）

第 5 章

當顧客暗示「想買了」，
這樣回馬上成交！

銷售員要從顧客的
種種行為表現中捕捉成交
訊號。不要忽視顧客任何
一個細微的動作，因為它
可能在暗示你「可以成交
了」。

01 4種想成交的肢體語言，這樣回就收單囉！

顧客的肢體語言藏有很多訊號，包括成交訊號。如果能夠捕捉到顧客的成交訊號，會大大地提高成交率。

顧客：「這件外套我倒是挺喜歡的，但是家裡各式各樣的外套有很多件了……」。

小麗看出了顧客的猶豫，於是說道：「我們這件外套是限量款。您也看得出來材質、剪裁都是上等的。」

說到這裡，小麗發現顧客睜大了眼睛，就知道促成時機到了，於是打鐵趁熱：「最重要的是非常適合您，保證您穿這件外套出門不會與別人撞衫！」

顧客被說動了，似乎是下了決心一樣，說：「好的，我要了。」

為什麼小麗能成交，因為他成功捕捉到成交訊號。當顧客聽到「限量款」時突然睜大眼睛，表示顧客很在意這一點，這也是能夠促成最終成交的關鍵訊號。

除了顧客突然睜大眼睛，以下動作也暗示成交時機到了。

圖 5-1　在顧客大笑時提出成交，容易成功

顧客笑的很開心時，
表示可以提出成交了

❖ 輕拍或摸頭髮

顧客做出輕拍或摸頭髮的動作，是成熟的成交訊號。人們只有在內心放鬆或有答案的情況下，才會做出這些動作，銷售員這時就要知道準備成交了。

❖ 大笑

大笑，即張大嘴巴、露出牙齒，眼睛笑得彎彎的。大笑說明顧客十分愉悅、暢快。此時，銷售員提出成交，最有可能成功。

人們內心愉悅時，一般不會拒絕別人的要求。在銷售活動中，顧客能夠哈哈大笑，表示認可產品，才會心情輕鬆且愉悅。

特別是在銷售階段後期，當顧客對銷售員的推薦表現出好感，

圖 5-2　用售後服務抓住成交訊號，促進成交

我們提供3年的
免費維修服務

並在解說產品時欣然大笑，銷售員這時要加緊推銷，千萬不可錯過
這個只差臨門一腳的成交機會。

❖ 緊捏鼻樑

　　顧客緊捏鼻樑也是較好的成交時機，表示他正在認真考慮。此
時，銷售員要先給顧客一定的思考時間，然後再適當地催促，如
「這是我們最後幾件產品，要的話就趕快哦」、「今天是我們活動
的最後一天，明天就恢復原價了」等。

　　家電銷售員小王給顧客推薦一款洗衣機。顧客對洗衣機還算滿
意，但不急於一時購買，還想去別家再看看。

　　意識到顧客有此想法，小王加緊說服：「張小姐，我們這款洗
衣機您也看到了，容量大也美觀。剛才您說家裡的孩子多，那就要

買容量稍稍大一點的。這款洗衣機性價比很高，而且我們正在做活動，您可以享受 7 折優惠呢！」

此時，小王發現顧客緊捏著鼻樑，眼睛也盯著洗衣機，似乎正在思考著什麼。

小王緊接著說：「品質方面您放心，這款洗衣機很受好評，另外我們提供 3 年的免費上門維修服務。」

顧客點點頭：「的確不錯，那就買這台吧。」

當顧客做出緊捏鼻樑的動作時，表示內心正在猶豫，且買的決心遠大於不買的決心，此時銷售員要適時抓住這個訊號，加緊說服，追加說明產品的優點、強調售後服務，以盡快促進成交。

❖ 摸小腿脛骨

顧客摸小腿脛骨，也表示成交機會到了。一般來說，當人們認真抉擇時，會下意識地摸小腿脛骨來釋放心中的壓力，銷售員要明白這是一個同意的訊號，顧客內心是打算成交的。接下來銷售員要做的，就是推顧客一把！

例如，顧客想要購買一款按摩椅，但遲遲不下了決心。銷售員介紹了按摩椅的諸多優點，其中一點是買了不僅可以自己用，家人也可以享受，能充分展現產品的價值。

顧客聽後點點頭，接著做出摸小腿脛骨的動作。銷售員見狀，於是加緊促銷：「今天買真的很划算，我們正在做 3 周年促銷活動，全場 8 折優惠呢！」

最後顧客終於被說動了：「好，買單吧。」

當銷售員看到顧客做出摸小腿脛骨，就要知道成交時機到了。因為此時顧客的內心正在抉擇，在用各種理由說服自己購買，這是

自我說服的過程。此時銷售員只需要強調一個對顧客來說很有利的訊息，如全場 8 折優惠、贈送○○禮品、3 年免費上門維修等，大多就能成交。

　　成交時機瞬息萬變，這就需要銷售員注意觀察顧客的言行，哪怕只是一個微小的動作，也可能是成交訊號。

成交訊號往往隱藏在顧客的一言一行中。

02 從顧客的眼神看出　誰能做主，你立刻……

化妝品銷售員李清接待了一對夫妻顧客。太太的年齡在 40 歲左右，想要購買一款保養品。

一開始李清專攻太太：「這瓶○○精華液很適合您的膚質，我們女人要想保持年輕亮麗，就要勤於保養。我剛看了一下您的皮膚狀態還蠻好的，只需要加強保濕、淡化小斑點。」

太太不停點頭附和李清的話：「是的，平時事情多，都沒什麼時間好好做保養，你們這瓶精華液怎麼賣？」

李清接著說：「這款是我們專櫃賣得最好的，能夠有效淡化色斑，也能深度補水，保持皮膚柔軟和彈性。您可以看看產品說明，它是針對中年女性開發的產品，專櫃價是 1099 元，您要是現在購買有 9 折優惠，打折後是 989 元。」

太太喃喃地說：「也不便宜啊，將近 1000 元了。」

李清繼續說服：「保養是女人一輩子的事業，好的保養品能夠讓皮膚變得光滑細緻。我們這款價格是稍微高了一點，但效果可不只好一點而已。您的皮膚狀態要是再好一點，看上去會年輕很多。」

太太有點被說動了，不斷地查看產品、仔細端詳。

李清打鐵趁熱：「您要是喜歡就買下吧，女人就要對自己好一

圖 5-3　從顧客眼神中尋找可做決定者

點。」只見太太的眼睛下意識地看了一下身邊的丈夫，眼神帶有小心詢問的意味，李清瞬間意會到他才是主事者。

於是李清立即轉移目標，說服顧客的先生：「女人的美都是要維持的，您看太太氣質這麼好，如果加強保養會更容光煥發。每天都看到一個美麗的妻子，是不是讓人很心情很好啊？」

先生點頭微笑，說：「是是是。」

李清再接再厲：「一套保養品說貴也不貴，說便宜也不是很便宜，但太太的美麗和好心情卻是價值千金的。您說是不是？」

先生被說動了，看著太太：「要不就買這套？」

李清為什麼能排除價格高的異議，快速成交？就是因為她從顧客的眼神中找到了主事者，即擁有決策權的關鍵人物，讓他做出購買決定並付款。

圖 5-4　搞定主事主才是成交的關鍵

　　美國管理學大師彼得‧德魯克說過一個觀點：找到具有決策權的顧客，這是銷售人員應該做的正確的事，只有找到真正能下決定的人，具有實際意義的銷售溝通才可能得以開始，並且最終實現銷售目標。

　　在銷售活動中，並不是所有對產品有需求的顧客都是主事者。例如，我們經常看到孩子在玩具面前不肯離開，甚至哭鬧著央求媽媽買，媽媽卻板著臉不肯答應。這個時候，銷售員如果只是一味地向孩子推銷，顯然沒有意義，只有搞定媽媽才能實現成交。

　　尤其到了成交階段，銷售員只有迅速找到主事者，才能真正促成交易。相反地，如果銷售員不能經由觀察找到主事者，用錯了力，只會事倍功半，甚至導致銷售失敗。

　　那麼，如何才能知道顧客是不是主事者呢？很重要的一點就是觀察顧客的眼神。像案例中的女顧客一樣，自己看上產品後，會下

意識地看向丈夫，用眼神詢問是否能購買。在此情況下，銷售員就要及時轉移目標，把成交的重點轉移到主事者身上。一旦主事者決定購買，這筆單子就成交了。

那麼，如何判定誰是主事者呢？

訊號一：擁有決策權和購買權的顧客，一般會率先發表看法，表達自己的訴求；而沒有決策權的顧客，則會附和主事者的看法。

訊號二：主事者的地位較高，其他顧客會不停徵求他的意見。尤其是銷售員說到重要訊息時，如產品的功能、價格，想買的那位顧客總是下意識地觀察主事者的反應，試圖看出他的對該產品的喜好程度。而且對於主事者的意見，顧客會表現出言語上的尊重和順從。

例如，明明顧客自己非常喜歡，但主事者說：「你不是有很多這樣的衣服了嗎？」顧客就順應回應：「是啊！那還是不買了。」

這些訊息都顯示出，主事者的看法對購物結果有重要的影響力，銷售員需要仔細觀察，及時發現真正的主事者，並想辦法說服他。

找到並搞定主事者，成交離你就不遠了。

03 顧客詢問同伴意見時，你要搶先一步誇讚

　　銷售員經常會遇到這樣的場景。

　　顧客和同伴一起去購物，在選購過程中不斷詢問同伴的意見。這對銷售員來說是一個非常好的成交訊號，因為顧客對產品有需求和購買的打算，才會徵求同伴的意見。如果同伴跟自己的想法一致，就會增強顧客購買的決心；如果同伴跟自己的想法不一致，顧客則會慎重選擇。

　　因此，當銷售員發現顧客徵求同伴的意見時，可以抓住機會扮演「同伴」的角色，提供專業意見，因為你無法預料顧客的同伴會給出什麼樣的答案（是否支持）。

　　服裝銷售員小麗接待了一位攜伴同來的顧客。

　　顧客看上一條裙子，對裙子的設計、款式都很滿意，只是不確定是否適合自己，於是試穿了一下。

　　顧客一邊照鏡子，一邊問同伴：「怎麼樣，我穿著好看嗎？適不適合我啊？」

　　小麗發現顧客詢問同伴時，聲音裡充滿期待，就知道顧客非常中意這條裙子，於是搶先答道：「您穿這條裙子真的很好看。您的朋友也這麼覺得，不知道用什麼詞誇您好呢！」

　　說著，小麗把目光投向了顧客的同伴，同伴果然笑著點點頭。

圖 5-5　抓住機會扮演「同伴」的角色

我穿這件好看嗎？適不適合我？

您朋友都不知道怎麼讚美才好了！

　　顧客聽了小麗的話，又看了看同伴，眼裡的喜悅更明顯了：「真的嗎？我也覺得還蠻好看的。」

　　小麗趁熱打鐵：「真的，一般人撐不起這個顏色。老實說，還是您長得好看，所以穿什麼衣服都好看。」

　　於是顧客毫不猶豫地購買了這條裙子。

　　小麗搶在顧客的同伴回答之前先進行誇讚，因為一般來說，如果不是特別不合適，同伴都不會反對，畢竟相約一起逛街購物，開心最重要。但是，如果顧客穿著非常不合適，銷售員卻違心地說合適、好看，那就適得其反了。所以，當顧客諮詢同伴，銷售員代替同伴提供意見時，要掌握一定的技巧。

> ### 圖 5-6　顧客諮詢同伴時的應對策略

建議顧客「試一下」

詢問細節時直接幫他決定

對問題提供專業解答

信心不足時，肯定顧客的答案

❖ 建議顧客「試一下」

有些顧客對於自己沒買過的產品，既出於好奇心想要購買，又因為沒買過而有些擔心，就會詢問同伴：「我覺得這個看起來蠻好吃的，你覺得呢？我要不要買一點？」、「我覺得這衣服還蠻好看的，但是以前沒穿過這種款式，你覺得怎麼樣？」

遇到這種情況，銷售員要立即幫顧客做決定「這個很好吃，味道酸酸甜甜的一點也不膩。要不這樣，您買一點點試試，好吃的話您下次再來。」、「這個款式是今年流行的新款，要不您試一試，覺得好看您再買。」一般情況下，顧客都不會直接拒絕銷售員這個「試一下」的建議。

當顧客對產品沒有信心，卻很想嘗試而徵求同伴的建議時，銷

當顧客諮詢同伴的意見時，銷售員代替「同伴」提供專業意見。

售員可以直接建議顧客「試一下」。因為顧客在詢問同伴時，就已經表明了強烈的購買願望，如果試過之後覺得滿意，成交就是水到渠成的事了。

❖ 諮詢細節時，直接幫他決定

有時顧客會對同款產品的不同花色、顏色、設計、細節等方面難以抉擇，進而詢問同伴意見。例如，「這兩個顏色，哪個更適合我」、「是黃色的好，還是紫色的好」、「是長款好，還是短款的好」等，這也是一種成交訊號。

當銷售員發現顧客開始針對產品細節諮詢同伴時，要立即抓住時機替顧客做決定：「黃色的更適合您，剛才看您試穿，我都眼前一亮了，您要不就買這一件吧，晚了可能就買不到了，這是賣得最好的一件衣服。」、「您個子高，長款更能顯出您的身材優勢呢！」因為顧客本身就對產品有好感，只是糾結於最後一點細節問題，在銷售員的讚美和「限量」話術攻擊下，很容易就接受銷售員幫他做出的決定。

❖ 諮詢品質問題時，提供專業解答

顧客還會就產品品質詢問同伴的建議，例如，顧客看上一款產品，一邊摸質地一邊詢問同伴：「你覺得這品質怎麼樣？你說會不

會用幾天就壞了，我到底要不要買呢？」

　　面對這種品質問題，銷售員不要等顧客的同伴給出意見，而要立即給出最專業的解答：「這是我們店裡賣得最好的一款產品。品質您大可以放心，像這裡（顧客在意的點）都有經過加工處理，不會脫線。

　　一般來說，顧客向同伴諮詢品質問題的前提，是其同伴相對更加專業，瞭解如何檢查品質。例如，買電腦的時候找一個專業的IT人員陪同購買，買衣服的時候找一個服裝設計師陪同等等。所以，銷售員在提供專業解答時，最好也多聽聽同伴的意見，好爭取他的認可。一旦同伴提供了專業、可信的參考意見，顧客就會立即成交。

❖ 信心不足時，肯定顧客的答案

　　還有一種情況是，顧客購買的產品不是自己要用，而是要送給家人、朋友，擔心不確定自己買的是否恰當、合乎禮儀而詢問同伴。面對這種情形，銷售員可以直接肯定顧客的答案，增強他的購買信心。

　　銷售員李陽接待兩位一起前來的年輕顧客。其中一位想要購買面膜作為母親節禮物。經過層層篩選，顧客選中一款深度補水、淡化色斑的面膜，但她顯然對自己的選擇不太有信心，不停地諮詢同伴：「你覺得我媽媽會喜歡嗎？這個面膜品牌是小有名氣的，就是不知道適不適合我媽媽，你覺得呢？」

　　瞭解到顧客是給母親購買禮物，而她的同伴又比較年輕，很容易給出不恰當的建議，於是李陽立即答道：「您給媽媽買面膜的話，手上的這款就非常好用，也特別適合中年顧客。根據顧客回

饋，這款面膜淡化色斑的效果非常好。我媽媽也一直在用這款面膜，說效果很好。」

顧客聽後點點頭：「那就買它了！」

面對顧客自己很難下決心，需要從同伴身上尋找支援的情況，銷售員要給出專業意見，幫助顧客做決定。在這個過程中，你需要注意的是，千萬不要搶了同伴的風頭，畢竟你在顧客心中的可信度遠遠不及他的同伴。

千萬不要搶了同伴的風頭。

04 顧客這幾個動作出現時，你要問：「付訂金還是全額？」

　　若顧客主動為你點煙，這是一個很強烈的成交訊號，銷售員一定要抓住時機提出成交。

　　汽車銷售員小李拜訪一位顧客，對方想要購買中型汽車。小李推薦了幾款，顧客對其中一款很滿意，只是價格讓他有些微詞。

　　顧客說：「這車子是很不錯，但價格能不能再低一點？」

　　小李明確回答：「張先生，真的不好意思，車子是老闆定價的，我只是個銷售員，沒有權利改價格。您如果真心想買的話，我很願意給老闆打通電話，多為您爭取一些優惠。」

　　張先生笑著點點頭，沒有說話。

　　於是，小李當著顧客的面打了電話：「老闆，我有一個好朋友想在我們這裡購買一輛○○型號的汽車，您看公司能給什麼優惠？……好的，謝謝老闆！」

　　掛上電話後，小李告訴顧客：「我們老闆答應贈送您一套高檔座椅套、腳踏墊、方向盤套，另外還有全車貼膜和維修工具。怎麼樣，夠意思吧？我也是跟您聊的投緣，幫你做了最大限度的贈品。」

　　小李說話時，顧客笑著站起身為他點了一根煙：「謝謝啦，老弟！」小李很開心地把煙接了過來，他知道顧客已經同意成交了。

圖 5-7　適合立即提出成交的訊號

不斷附和你且不停點頭

上半身要轉身，但雙腳保持不動

詢問是否有折扣、優惠

主動詢問付款或送貨方式

於是笑著問道：「我今天剛好帶了合約，我們現在就把合約簽一下嗎？」顧客爽快地答應了。

顧客為銷售員主動點煙，是很明顯的友好、同意訊號，銷售員要抓住這個機會成交。還有以下幾個動作，表示顧客有成交意向。

❖ 不斷附和你，並且不停點頭

銷售員如果發現顧客不斷附和你的話並不停點頭，表示對你的介紹和產品很滿意。這時，銷售員要及時促成交易。

例如，當銷售員提到產品的優點和功能時，顧客不斷附和，如「對，這種成份確實很有營養」、「這對身體真的很好」等，並對談及的重點不停點頭，這時銷售員可以立即提出成交，說：「產品味道很不錯，要不要帶一瓶」、「這很適合用來調養身體，要買一點試試嗎」。

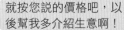

圖 5-8　給一點小優惠，留住假裝離開的顧客

❖ 上半身要轉身，但雙腳保持不動

　　銷售員也常遇到因為價格談不攏而要離開的顧客，有的顧客是真的放棄購買，而有些顧客只是假裝離開。假裝離開的顧客特徵是上半身要轉身，但雙腳仍保持不動。

　　這就說明顧客其實是有成交意願，這時銷售員可以用一點小優惠給顧客台階下：「我看跟您很有緣，就○○價格賣給你吧，以後要多來照顧我的生意啊」、「就按照剛說的價格給您了，要多幫我介紹生意啊」等。

❖ 詢問是否有優惠、折扣

　　一般來說，顧客決定購買之後，才會關心產品是否有折扣、優

惠，所以被問及這幾個問題時，銷售員要立即提出成交。例如，
「這樣吧，您要的話給您打 9 折」、「您如果今天購買，就送您
○○贈品」等。用顧客在乎的東西促使成交，很容易取得成功。

❖ 主動詢問付款或送貨方式

　　付款、送貨都是決定購買之後才會進行的步驟，因此顧客主動
詢問付款或送貨方式，也是一個很重要的成交訊號。銷售員需要立
即抓住成交機會。例如，顧客詢問：「這是交定金還是付全額」、
「可以分期嗎」、「可以送貨到家嗎」、「今天就可以送貨嗎」等
等。

　　面對詢問付款方式的顧客，銷售員要立即追問：「您想要用哪
種方式支付呢？」鎖定顧客最想要的支付方式，促進成交。

　　而面對詢問送貨方式的顧客，銷售員要確認相關訊息後再允
諾。例如：「今天保證給您送過去！」、「今天倉庫有點忙，可能
明天下午才能送，可以嗎？」

　　千萬不要自作主張，還沒確認清楚就直接給顧客答覆。如果屆
時相關部門無法支援，沒能及時兌現承諾，就有可能失去這個顧
客。

　　需要注意的是，以上成交訊號僅限於銷售最後階段，銷售員才
可以依此立即提出成交要求。如果是一開始就出現這些訊號，表示
顧客對你的服務或產品有一定的好感，但要想實現成交，還需在產
品推介環節上多做努力。

05 滿意產品卻不購買時，先詢問送貨時間、地點就能成交……

　　當銷售員經過一段時間解說後，如果顧客的表情還是冷淡、帶有懷疑，表示尚無購買意向。相反地，如果顧客表情由冷漠變為熱情、隨和、親切，表示接受了銷售員和產品。這時，銷售員就要把握機會，經由詢問顧客的支付方式、是否送貨到府等等，得到確定成交的答案。

　　服裝銷售員小麗向顧客推薦了幾款上衣，顧客的表情一直都很冷淡。經過觀察發現，顧客在牛仔褲面前停留的時間相對較長，於是說道：「我看您身材很好、腿很長。我們這裡剛進了幾條新款牛仔褲，我帶您去看看？」

　　這時顧客明顯表示有興趣，表情變得輕鬆：「是嗎？那我去看看吧！」試穿之後，顧客選中一條牛仔褲，對著鏡子看了好久：「我夏天基本上都穿裙子，已經好久沒穿牛仔褲了。今天這麼一搭配，感覺還挺不錯的。」

　　小麗立即應和：「這款牛仔褲穿起來顯年輕，今年流行寬褲，再搭配個簡單的白上衣就很好看。」

　　顧客對著鏡子前後照了照，眼神充滿喜悅：「真的是蠻好看的！」

圖 5-9　讓顧客立即成交的策略

詢問支付方式

詢問送貨地點、時間

直接要求成交

二選一成交法

小麗這時看準時機：「我們的商品都是先做過水洗處理，您現在就可以穿著繼續逛街。」

顧客點點頭。小麗一邊打包顧客原本的褲子一邊問道：「您是刷卡還是付現？」

面對銷售員說「可以穿著繼續逛街」的建議，顧客點頭表示認同，表示已經做出購買決定。接著銷售員詢問支付方式，一方面是想得到更明確的答案，另一方面也是催促顧客付款。

除了經由詢問顧客的支付方式來促成成交，還有哪些方式也能促使「明明對產品滿意，卻遲遲不說購買」的顧客立即成交呢？

圖 5-10　詢問顧客送貨時間，巧妙促成交易

明天上午送去吧，那時我在家

是現在給您送貨，還是明天上午送呢？

❖ 詢問送貨的地點、時間

當顧客明確表現出對產品滿意，卻遲遲不購買時，銷售員可以巧妙地經由詢問顧客送貨到何處、什麼時候送貨等等，來催促顧客成交。

例如，銷售員向顧客推薦一款沙發，顧客對沙發的款式、顏色、設計等都很滿意，卻不對成交表態。此時銷售員可以巧妙詢問顧客：「張先生，這沙發我們是送到您的公司還是您家？」

顧客回答說：「嗯，送到家裡吧，家裡的那套先換吧。」這時銷售員可以接著說：「那好，我現在就為您進行打包了！」由這幾個對話，就能無形中實現成交。

銷售員還可以詢問送貨時間，來催促最終成交。例如，「周先

生，您是想要我們現在給您送貨，還是明天上午給您送貨呢？」

顧客回答：「明天上午吧，我下午還有點事要先辦。」這就等於和顧客確定了成交。

需要注意的一點是，銷售員在詢問時，最好提出兩個時間點供顧客選擇，這比只詢問顧客「什麼時候送貨」效果更好。

❖ 直接要求成交法

當銷售員已經明確知道顧客對產品滿意，但又不急著成交時，可以直接要求顧客成交。例如說：「周先生，既然您對沙發很滿意，沒有其他問題，那我們就下單吧，早點買可以早點享受呢！」從為顧客考慮的角度去催促顧客下單，一般來說不會引起顧客反感的。

❖ 二選一成交法

「二選一法則」一般是在同一產品的不同顏色、設計間進行挑選。舉個簡單的例子，顧客對一套洋裝很滿意卻又不表態，此時銷售員詢問顧客：「您是要藍色還是紫色的這款呢？」顧客回答說：「紫色的吧！」當顧客給出答案時，無形中表示顧客已經做出購買決定。

當然，這些技巧必須建立在你經過仔細觀察，十之八九確定顧客確實想購買的基礎上。所以，對銷售人員來說，掌握熟練的觀察技巧，隨時洞察顧客的心理狀態，是至關重要的。

表 5-1 ▶▶拜訪陌生顧客觀察訊息表

填表人信息
部門 _____　　　　　　職務 _____
姓名 _____　　　　　　協同人員 _____

拜訪前 （進入顧客的 辦公室前）	顧客的 周邊環境	顧客的公司所處的位置（是否靠近商業區） _____ 公車路線／地鐵路線 _____ 出入口與顧客的公司的距離等 _____
	顧客的公司 所在的大樓	層級 大樓的面積
	顧客的公司 的大門	□乾淨　□不乾淨 □闊氣　□簡約　□樸素　□其他 □掛有「謝絕推銷」的牌子 □無「謝絕推銷」的牌子 □名牌大氣、闊氣　□名牌簡約、樸素
拜訪中 （已進入顧客 的辦公室）	面積 植物 裝修 窗戶、百葉窗 擺設 員工人數 工作狀態	□大　□小　□中等　□其他 □乾淨、茂盛　□死氣沉沉 □豪華　□優雅　□古典　□簡約 □自然風　□其他 □清潔　□邋遢 □名人字畫　□名人合影　□家人合影 □獎狀、獎盃　□其他 □1~10人　□20~50人　□50人及以上　□其他 □氣氛活潑　□氣氛沉悶

表 5-2 ▶▶顧客微表情觀察指引

容貌	頭髮	□整齊、乾淨 □凌亂 □細心打理
	額頭	□有光澤 □暗沉
	眼睛	□有神采 □暗淡無光
	鼻子	□長 □短
	表情	□喜悅 □苦悶 □冷淡 □熱情 □其他
	體型	□偏胖 □偏瘦 □中等 □其他
服裝	風格	□保守 □流行 □自然風 □其他
	顏色	□冷色系（黑白灰） □亮色系（紅黃紫）
	類型	□樸素 □華麗 □優雅 □文青 □其他
	名牌	□是 □否
飾品	數量	□1個 □2個 □3個及以上
	種類	□金 □銀 □玉 □鑽石 □彩色系寶石 □其他
	風格	□大膽 □低調內斂 □優雅 □其他
姿態		□積極向上 □消極低沉 □其他
微表情		□撇嘴 □皺眉、眯眼 □斜著眼睛看 □眉毛上揚、兩眼瞪大 □其他
肢體動作		□手一直插在口袋 □摸後腦勺 □捏手指或握拳頭 □用手摸耳朵 □身體前傾 □抓脖子或拽衣領 □聳肩 □其他
情緒狀態		□眉頭緊皺 □眉頭舒展 □表情愉悅，聲調偏高 □沉默不語、表情嚴肅 □聲音透露不滿、急躁 □憤怒、生氣 □其他

8 個促成成交的說話技巧

- 「這是我們店裡賣得最好的一款上衣，昨天才補貨的，現在只剩下這幾件了！」
- 「 這款有顧客大量預購，就剩現場的這些了！」
- 「下個星期開始我們會調整產品價格，您現在購買的話，可以省下一筆費用呢！」
- 「我們的優惠到今天為止，今天購買的話還送您一個小禮物。」
- 「前 50 名下單的顧客，可以享有 9 折優惠。」
- 「前 30 名下單的顧客，享有免費上門安裝服務。」
- 「前 50 名下單的顧客，享有免費送貨到府服務。」
- 「我們這款馬上就要斷貨，想購買的話要趕快了！」

附錄

附錄
頂尖銷售員
都在做的回話及對應訓練

　　頂尖銷售員都善於觀察，他們會把自己觀察到的訊息整合成有價值的資訊，迅速進入顧客內心世界，讓顧客無法拒絕。

01 觀察顧客的服裝打扮：你該有的對應訓練

在銷售開始之前，會觀察的銷售員就已經做對了一半。

頂尖銷售員會先就顧客的服飾進行觀察。顧客的服飾能透露其審美、品位、性格、經濟能力等。因此，銷售員要有意識地訓練自己對顧客服飾的觀察力，讓觀察訓練成為日常工作的一部分。

❖ 從服飾看出顧客的性格

由服飾風格能夠看出一個人的性格特徵，在第一章和第二章中有相關介紹，這裡我們再詳細地分析一下。

(1) 從服飾風格看

一般來說，穿著保守的顧客性格較內向，而穿著開放、大膽的顧客性格較外向。

(2) 從服飾顏色看

服飾顏色暗淡的顧客，性格較冷靜、沉著、內斂。相反地，服飾顏色鮮亮的顧客，性格較活潑、奔放、不受約束。

(3) 從飾品風格看

佩戴誇張的首飾，如大耳環、大胸針或其他顏色鮮豔的飾品

圖1　配戴大型飾品的顧客喜歡華麗的產品

這個包的珠鍊設計
我很喜歡

等，這類顧客一般性格活潑開朗，喜歡受人關注。同樣地，這類顧客會喜歡外形顯眼、豔麗的產品。

喜歡佩戴金飾品的顧客，性格比較外向、待人友善、熱情大方，喜歡被人注意。他們喜歡受矚目、亮眼的產品。

喜歡佩戴銀飾品的顧客，性格較內向、嚴謹認真、喜歡隱藏在人群裡。他們喜歡樸素、顏色素雅的產品。

喜歡佩戴鑽石飾品的顧客，一般來說性格較浪漫，崇尚高貴、典雅。他們也偏好雅致的產品，不喜歡花俏的。

喜歡佩戴彩寶石飾品的顧客，如藍寶石、紅寶石等，大多性格外向、享受浪漫氛圍。他們喜歡有氣氛、色彩絢麗的產品。

圖2　不喜歡配戴飾品的顧客重實際

這雙鞋的設計太花俏了，不適合我

　　喜歡佩戴珍珠飾品的顧客，一般來說性格溫和、常為人著想。他們喜歡簡約、淡雅的事物，也偏愛雅致的產品。

　　不喜歡佩戴飾品的顧客，內心樸素，注重內在面、看重實際，而不太關心表面。一般情況下，一個人內心越是平穩，越是不喜歡戴飾品。這類顧客喜歡樸實無華的產品，相較於時尚款，更喜歡基本款。

❖ 從服飾看出顧客的經濟能力

顧客的服飾透露顧客的經濟能力。

一般來說,穿著貴氣、優雅、精緻的顧客,經濟能力較強;穿著樸實、普通的顧客,經濟能力較差。

當然,這種判斷方式不適用於所有場景。有些顧客雖然家底厚實,但穿著也很簡單、樸素,這時銷售員要從顧客的整體狀態,如氣質、皮膚狀態等方面進行觀察。一般來說,氣質越好、皮膚越細緻、保養狀態良好的顧客,即便衣著樸素,也難掩富貴之氣。

此外,穿品牌服飾的顧客經濟能力較強。穿名牌、背名牌包的顧客,經濟能力會更強。因此,銷售員平時需要訓練自己對精品名牌的瞭解,避免自己看走了眼。

❖ 從服飾看顧客的審美偏好

顧客的服飾在很大程度上,能夠彰顯顧客的品位。

(1) 顏色搭配

一般來說,當顧客身上的穿戴超過 3 種顏色,且顏色融合度很差,如上衣是紅色、褲子是黃色、內搭是藍色,表示顧客不注重搭配,對產品的品位要求也不會很高。當然,也有顧客能把鮮豔的顏色搭配得很協調,這樣的顧客往往對搭配有較深的研究,也較具審美品味。

(2) 質感

銷售員也可以從顧客的服裝細節,看出顧客的品位。當顧客的

衣服質感較好，或沒有起毛球、沒有褶皺、沒有褪色等，表示其審美品位較高。

若顧客有良好的品位，就會偏好設計感強、高雅的產品；相反地，若顧客的審美品位不太高，則會偏好中下價位的產品。

另外，銷售員在觀察顧客服飾的過程中，要遵循兩個原則。

一致性：即顧客的審美觀和經濟能力一般是正相關的，有高品位的顧客，經濟能力一般也較強，因為好品位的養成和維持，需要財力來支撐。如果顧客的審美品位較高，銷售員可以為其推薦高價產品。

連貫性：顧客的審美品位具有恆久性，變動不大。銷售員在觀察顧客身上的衣著特點之後，可以根據顧客的審美品位、經濟能力為顧客推薦產品。這種推銷方式更容易被顧客接受，因為人們在購買產品時，喜歡選擇跟自己的品位相近或相似的產品。

總之，銷售員在觀察顧客的服飾時，一定不能以偏概全、以點概面，既要從顧客的整體形象做判斷，又要關注細節以確保沒有遺漏。經由觀察得到的訊息越全面、細緻，銷售員對顧客的判斷就越精準，銷售成功的機率就越大。

銷售員在觀察顧客的服飾時，要遵循一致性和連貫性原則。

02 觀察顧客的微表情：你該有的對應訓練

　　微表情常常稍縱即逝，甚至連本人都察覺不到。經實驗觀察，只有 10% 的人能察覺到微表情的變化。微表情對銷售尤為重要，比起人們有意識做出的表情，微表情更能呈現真實的感受和心理動機。

　　所以，對顧客微表情的觀察和解讀力，是頂尖銷售員必備的能力。首先，在與顧客交流時，銷售員要注意觀察顧客臉上的細微表情，而不只專注於自己的推銷說辭。同時，銷售員還要把觀察顧客微表情納入日常銷售工作中，讓觀察微表情成為一種習慣。

　　其次，銷售員要學習一些微表情心理學方面的知識，瞭解微表情背後的深刻含義，要做到不僅能觀察到顧客的微表情，還要知道顧客的微表情是在表達什麼、有什麼情緒、出於什麼心理動機等。

　　最後，銷售員還要將微表情觀察和實踐結合，適當地運用微表情識別訓練工具METT，以顧客的微表情判斷結果去促進銷售（註：METT 即 Micro Expression Training Tool，由荷蘭生理學家保羅・艾克曼研制，用於訓練人們對微表情的識別度）。

　　顧客做出的每個表情背後，都代表著複雜多變的心理，銷售員需要加以觀察和關注，進而調整顧客的心理、促進銷售。我們以幾個常見的微表情為例，分析顧客背後的心理。

表1 ▶▶顧客微表情對應的心理狀態

	微表情	背後心理	解決方式或觀察結果
額頭	眉間起皺紋，上嘴唇上揚	厭惡、討厭	查看自己是否說了不恰當、令顧客反感的話題，並及時打住
眉毛	眉毛上揚、兩眼瞪大、嘴巴微微張開	驚訝	抓住機會、加緊促銷
	揚起眉毛並微笑，且頭偏向一邊	很感興趣	繼續目前話題，就顧客感興趣的部分多做描述
眼睛	斜著眼睛看你，眉毛壓得很低或眉頭緊蹙	充滿懷疑	眉毛稀疏的人較隨和；眉毛濃密的人功利心較強，注重人的內在品格，是社交達人
	斜著眼睛看你，眉毛上揚	內心愉悅	眉毛寬的人，性格一般豪放磊落；眉毛狹窄的人，性格一般較封閉，常以自我為中心
	長時間看著你，並不停地眨眼睛	對於你的話題不太有興趣	轉換話題或將說話權交給顧客
	不斷用手揉眼睛	對你的話語感到疲倦或不認同你的觀點	更換話題、傾聽顧客的想法
鼻子	摸鼻子，如手或手指放在鼻子下方	掩飾	站在顧客的角度，瞭解顧客想要什麼，尋求真正的答案

（接下頁）

	微表情	背後心理	解決方式
嘴巴	舔嘴唇	緊張、不安，承受著一定的壓力	表情溫和、聲音溫柔，帶著理解去傾聽，給顧客時間和空間
	咬嘴唇	糾結、不安	就顧客疑惑的地方加緊說明，以顧客緩解情緒
	咬手指	正在認真思考問題、權衡利弊	給顧客一定的思考空間
	癟嘴巴	沒信心	適當地以解釋、承諾來增強顧客的信心
脖子	摸脖子	說謊	尋找顧客真正的想法

03 觀察顧客的肢體語言：你該有的對應訓練

一個人的訊息表達中，語言佔 7%，語氣佔 38%，肢體語言佔 55%。也就是說，一個人的肢體語言能夠表達出很多顯性或隱性的訊息。想要全面瞭解顧客，準確判斷其真實意願，以促成成交，一定要讀懂顧客的肢體語言。

當然，肢體語言的觀察力並不是一蹴而成的，除了長年累月的經驗累積，還需要掌握以下 3 個準則。

準則一：觀察顧客肢體語言不光是為了成交服務，還是為了讓顧客有良好的購物體驗。

準則二：銷售員要抱著好奇心去觀察，保持真誠，不把觀察當成任務，而要當成一個瞭解顧客的途徑。銷售員在觀察時要全神貫注，集中注意力，在觀察顧客的肢體動作時，要用全面、具體的角度，也就是把該動作放在當下情境中去理解。

準則三：銷售員要掌握好的觀察方法。

一是銷售員在觀察時保持客觀的立場，不能因個人喜好過分詮釋顧客的行為。例如，看見一位與自己特質不合的顧客，銷售員就戴著有色眼鏡觀察。

二是要靈活判斷，例如揉眼睛此動作，並非都表達不感興趣，或許顧客的眼睛是真的不舒服。所以銷售員觀察時要有彈性，結合顧客的眼神、語言、語氣等，對其肢體語言做解讀。

三是銷售員在觀察顧客時要有同理心。銷售是與人打交道的職

業，每個人的想法不同，帶著同理心去觀察顧客的肢體語言時，更能得到有效的結果。

不同的肢體動作代表不同含義，銷售員在觀察時，不光要用眼睛看，還要思考背後的心理動向。在平時的訓練中，銷售員需要做到「眼、心、口」一體，也就是眼睛要看到、心中要想到、嘴巴要說到。

我們以幾個常見的肢體動作為例，分析顧客肢體動作背後的含義。

表 2 ▶▶ 顧客肢體語言分析

微動作	背後心理	應對方法
身體前傾	對你的話題很感興趣	繼續當下話題，並帶動顧客一同參與
摸後腦勺	不贊同你的說法；或沒有令他感受到應有的尊重和支持	轉換思路或將說話權交給顧客，傳遞尊重、真誠與友好
摸耳朵	內心對你設防，並不相信你的話和產品，甚至不感興趣	不要強力推銷；有技巧地吸引顧客，如利用產品的特有功能引發顧客興趣
拽耳朵	尚未理解或尚未完全理解你說的內容	重複重點，以便訊息被顧客有效接收
抓脖子或拽衣領	說明顧客對你的產品和說辭不確定，或心存疑慮	及時與顧客溝通，瞭解顧客的想法，消除顧客的顧慮或困惑

（接下頁）

微動作	背後心理	應對方法
聳肩	不以為意,不能接受你的說法,表現出無視甚至輕視的意味	立即體察顧客的心情,不要自顧自地說下去
手一直插在口袋	正在尋找安全感,當下氣氛讓其感到緊張和壓迫	製造一些輕鬆的話題,讓氣氛變得輕鬆活潑,緩解顧客不安
捏手指或握拳頭	內心正在忍耐	趕緊結束話題,瞭解顧客的真實想法,把說話權交給顧客
抱著手臂態度傲慢	反感	瞭解顧客的真實想法,真誠地與顧客溝通,而不是自說自話

04 觀察顧客公司的環境：你該有的對應訓練

　　銷售員拜訪顧客時，敲門前一定要先觀察好周邊環境。這是很重要的一點，因為周圍環境能夠告訴銷售員很多訊息。

　　分析顧客的辦公區域，不僅能看出公司實力和格局，還能夠看出公司的發展空間和顧客的思維。如果顧客的思維保守，那麼銷售員推銷新產品或時尚產品的成功率會比較低。如果顧客的辦公室裝修簡單，銷售員推銷高價產品的成功率，會比裝修華麗的公司要低。

　　此外，銷售員還可以從顧客公司所處的位置、周邊建築等訊息判斷公司的實力。最後，顧客的傢俱、擺設、裝潢等方面，可以看出顧客的審美觀。

　　具體來說，銷售員對顧客周圍環境做觀察訓練時，不能隨興而為，且要列出觀察清單。

❖ 觀察辦公地點

　　銷售員要從大環境看出顧客的經濟實力。一是看顧客公司的地理位置，越是靠近市區、商業中心，經濟實力越強。二是看顧客公司所在的大樓，面積越大、所佔層級越多，經濟實力越強。例如，佔有兩層樓的公司要比只有一層的公司實力強。三是從顧客周邊建築來看公司的實力。如果顧客的公司靠近商業大樓、周圍建築都很

豪華，那麼顧客公司的實力不容小覷，即便要推銷的產品較高價，也很有機會被接受。

❖ 觀察公司招牌

招牌是一家公司的門面，可以反映出公司的規模、經濟實力。

表3 ▶▶ 公司招牌隱藏的訊息

招牌	實力與否
沒有招牌	公司實力較弱，一般來說員工不多，運營狀況也較差
簡單但嶄新	多屬初創公司，公司實力普通
與周邊辦公室相比，是較為顯眼的招牌	公司的經濟實力尚可，發展狀況也較好
招牌大氣尊貴，且乾淨明亮	公司實力雄厚，發展狀況也較好

❖ 觀察大門的乾淨程度

顧客公司的大門常常會被銷售員忽視，特別是乾淨程度很少被注意到。殊不知，這與顧客的公司發展成正比。一般情況下，大門較髒亂的公司，成長空間較小、發展較差。相反地，公司大門乾淨，表示該公司注意細節、嚴肅認真，發展較好。銷售員在進門前要看公司大門的裝修、乾淨度等，初步瞭解潛在訊息。

❖ 觀察公司裝潢設計

銷售員可以從顧客公司的整體裝潢設計，看出公司的經濟實力和顧客的審美取向。

顧客公司裝飾得富麗堂皇，一般來說經濟實力較強，審美偏向於華麗富貴。銷售員如果在此推銷高價產品，成功率會較大。

顧客公司裝飾得古色古香，表示審美觀偏向古典、雅致。銷售員推銷具有設計感的產品，很有機會被接受。

顧客公司裝修極其簡單，一般來說公司的經濟實力較差，向其推薦經濟、耐用的產品，比較容易被接受。

顧客公司裝修得很現代，表示顧客崇尚現代感，喜歡創新、時尚，適合向其推薦具有時尚元素、設計感強的產品。

❖ 觀察公司的擺設

銷售員還可以從公司的擺設上，看出顧客的訊息。辦公室的牆上掛著字畫，表示顧客講究古韻。牆上張貼著勵志標語，說明顧客強調拚搏、奮鬥的精神。公司牆上掛著與重要人物的合影，表示顧客注重榮譽和人際關係。

大至地理位置、大樓狀況，小至門口的一盆花，銷售員若能事先考察顧客公司的周圍環境，細心觀察、認真思考後，就能發現重要的訊息。

表 4 ▶▶ 擺放的植物能透露潛在訊息

植物情況	潛在訊息
綠色植物較多	顧客性格隨和
綠色植物較少，甚至沒有	顧客性格較死板
植物缺乏打理	公司不注重細節，顧客較沉悶、公司運營狀況也不佳
植物生長蔥鬱且葉片乾淨	顧客公司注重細節、講究自然美，員工相處和諧，公司整體的運營狀況好

從公司的整體設計中，可以看出公司的經濟實力和客戶的審美取向。

05 觀察顧客情緒狀態：你該有的對應訓練

情緒常常經由面部表情、姿態和聲音等表現出來。一個人的情緒大致分為喜、怒、哀、樂這 4 大類，而在每一類之下又細分出更多的情緒，如失望、擔憂、焦慮、害怕等。

一般來說，按照情緒持續的時間長短、情緒發生的速度快慢以及強度的大小，可將情緒狀態分為心境、激動與應激 3 類。

心境是一種微弱、平靜和持久的情緒狀態。這是顧客的一般狀態，也是持續性狀態。

激動是一種強烈、爆發式、短暫的情緒狀態。例如，顧客聽到自己關注很久的產品降價了，這時心情會比較激動。一般來說，產品功能或價格讓顧客驚喜時，會處於激動的狀態。

應激是出乎意料的緊迫情況下，所引起的急速、高度緊張的情緒狀態。例如，顧客在決定付款時，發現最後一件產品被另外一位顧客搶購了，或雙方在交流時價格出現爭議，此時顧客的情緒狀態會高度緊張。

心境、激動和應激是情緒狀態的基本形式。除了這 3 種情緒狀態外，頂尖的銷售員也會對顧客的具體情緒狀態進行觀察訓練。

當然，不同情緒的誘發原因有所不同，銷售員主要經由面部表情、聲音、語調，進行觀察和識別。

　　銷售員在做情緒狀態覺察訓練時，可以和同事、朋友或家人一起練習。例如，準備一些描述情緒的詞語，寫在卡片上，讓同事、家人抽出卡片，並按照卡片上的情緒演繹，銷售員則要猜出其所表現的情緒含義。

表5 ▶▶ 情緒狀態的觀察力訓練

	情緒表現	狀態	解決方法
面部表情	面部表情嚴肅，眉頭緊皺	顧客此時情緒狀態較差	回想自己是否說出了不妥的話、緩解顧客的情緒
	表情愉悅，面部自然	顧客此時情緒狀態較好	繼續保持輕鬆友好的交流方式
聲音	聲音透著不滿、急躁	顧客此時情緒狀態較差	耐心瞭解顧客情緒不好的真正原因。站在顧客的角度，並引導對方說出來
	情緒較低落時，語速較緩慢，聲音高低的差別也較小	情緒低落	真誠傾聽顧客的感受、瞭解顧客的想法
	音調較高、語速也比較快，聲音高低的差別較大	情緒飽滿、狀態佳	真誠地與顧客保持友好交流
	聲音較大，有些顫抖	情緒狀態差、憤怒	保持耐心、友好、真誠；認真傾聽顧客的感受，並盡力理解顧客的情緒

（接下頁）

	情緒表現	狀態	解決方法
動作	鼓掌、手舞足蹈	情緒狀態高昂	予以同樣的熱情和友好、不要潑冷水或冷笑
	扭著雙手，坐立不安	情緒狀態低落、緊張	友好地安慰顧客，展現真誠
	懶散地坐在椅子上、表情鬆懈	情緒低落	不可忽視顧客的負面情緒，以友好的態度耐心交流
	肢體僵硬，懶散、沒有活力	情緒狀態低落	給顧客放鬆的時間和空間，適度表達自己的關心

國家圖書館出版品預行編目（CIP）資料

業務之神的回話細節：逼人買到「剁手指」還停不了
的46個銷售成交技巧！／張靜靜著.
-- 新北市：大樂文化有限公司，2022.12
240面；14.8×21公分 . --（優渥叢書 BUSINESS；83）
ISBN 978-626-7148-24-2（平裝）
1. 銷售　2. 行銷心理學　3. 職場成功法
496.5　　　　　　　　　　　　　　　111017333

BUSINESS 083
業務之神的回話細節
逼人買到「剁手指」還停不了的46個銷售成交技巧！

作　　者／張靜靜
封面設計／蕭壽佳
內頁排版／王信中
責任編輯／林育如
主　　編／皮海屏
發行專員／鄭羽希
財務經理／陳碧蘭
發行經理／高世權、呂和儒
總編輯、總經理／蔡連壽
出 版 者／大樂文化有限公司（優渥誌）
　　　　　地址：220新北市板橋區文化路一段 268 號 18 樓之一
　　　　　電話：（02）2258-3656
　　　　　傳真：（02）2258-3660
詢問購書相關資訊請洽：2258-3656
郵政劃撥帳號／50211045　戶名／大樂文化有限公司

香港發行／豐達出版發行有限公司
地址：香港柴灣永泰道 70 號柴灣工業城 2 期 1805 室
電話：852-2172 6513　傳真：852-2172 4355

法律顧問／第一國際法律事務所余淑杏律師
印　　刷／韋懋實業有限公司

出版日期／2022 年 12 月 19 日
定　　價／290 元（缺頁或損毀的書，請寄回更換）
I S B N　978-626-7148-24-2